U0919863

破局靠胆识，避坑凭智慧

棱镜

人生大攻略

避坑

戎震 著
全网百万粉丝咨询导师

济南出版社

图书在版编目（CIP）数据

避坑 / 戎震著．-- 济南：济南出版社，2025. 3.
（人生大攻略）. -- ISBN 978-7-5488-7043-2
Ⅰ. B848.4-49
中国国家版本馆 CIP 数据核字第 202585R2A0 号

人生大攻略：避坑

RENSHENG DA GONGLÜE：BIKENG

戎震　著

出 版 人　谢金岭
责任编辑　董傲图　胡雨薇
营销策划　齐婉汝
装帧设计　胡大伟

出版发行　济南出版社
地　　址　山东省济南市二环南路 1 号（250002）
总 编 室　0531-86131715
印　　刷　山东联志智能印刷有限公司
版　　次　2025 年 3 月第 1 版
印　　次　2025 年 4 月第 1 次印刷
开　　本　148mm × 210mm　32 开
印　　张　6.75
字　　数　110 千字
书　　号　ISBN 978-7-5488-7043-2
定　　价　52.80 元

如有印装质量问题 请与出版社出版部联系调换
电话：0531-86131736

前言

“撰写此书的初衷，源于对过往四十载人生的深刻反思。自求学时代起，或许过于理想化，加之个性中的固执己见，致使青春岁月中的诸多陷阱，我几乎一一踏足。

回望往昔，那个年轻而迷茫的自己，无知与彷徨如影随形。彼时，我多么渴望能有一位智者，为我指引前行的道路。”

假若时光能够倒流，让我有机会重新活过，我必不会做出今日之选择。心中总有个声音在说，若能重返过去，重新踏上那段人生旅程，或许一切都会更加顺畅与坦荡。

深化认知，以一种宽广的视角审视生活，往往能助我们在人生的征途中规避重大失误。尽管现代社会的复杂性，尤其是经济领域的纷繁多变，常使人迷失方向，易于犯错，但值得庆幸的是，人类如今获取知识的途径愈发丰富多样，能在各个层面激发思考。这意味着，无论人生道路如何曲折，即便是偶有小错，也能迅速得到纠正。

生活总是充满危机，冒险意味着面对挑战与机遇的双重考验。失败往往孕育着成功的种子。回首往昔，诸多经历皆是喜忧交织，并无绝对虚度之时，亦无须沉溺于过多的悔恨之中。这便是人生的本质旋律，交织着得与失，喜与忧。

人生之路，无论如何选择，总会伴随着遗憾，这或许才是生活的常态。然而，在财产管理、消费习惯及人生重大抉择等方面，一旦迈出步伐，往往难以回头。因此，在起点处，深刻理解不同选项间的差异至关重要，这将有助于我们做出更为明智的选择。

诸多事物在当下或许显得不尽如人意，然而这正是人类学习与成长的必经之路。即便是那些当前被视为消极负面的因素，在未来的某个时刻回望，亦将成为人生喜剧中不可或缺的一环。正所谓“近观是悲剧，远望则成喜剧”。在时间的长河中，我们皆是孜孜不倦的求知者。唯有当我们过分执着于某事时，才会感受到痛苦；反之，若能泰然处之，问题往往迎刃而解。一切的关键，皆在于内心的态度。与其费尽心机去规避错误，不如坦然接受其发生，从中汲取教训，作为未来前行的宝贵财富，使我们拥有更加坚实的起点。

花开花落，岁月匆匆，青春一旦逝去便不复重来。人生路上，每个抉择都伴随着相应的代价，但正是这些抉择，铺就了我们心中所向往的生活轨迹。只要内心认定这份付出是值得的，那么一切便都有了意义。人生的旅途上，尽管看似存在着种种所谓的“标准答案”，但我们的终极目的并非寻找那份完美答案；相反，我们是为了亲身感受这世间万千美好而来。因此，即便在探索中偶有偏差，也无须过度哀伤。毕竟，人生的答卷本就无固定范式，唯有真心体验，方为至上。

戎震

目　录

第一章　家庭

第二章　婚姻

第三章　社会

第四章 资产

第五章 职场

后 记

第一章
家庭

（画地为牢之间，家，就变成了冢）

“

在这个世界上，只有你自己能够掌握自己人生的前进方向。建立好自己的精神世界，尊重自己，保护自己，热爱自己。

”

1. 学习心理学，了解各种病态人格形成的原因

在现代社会，我们日常所遇之人，其行为举止、待人接物、言谈话语，各有不同时常令人感到些许异样。在现代社会，心理健康问题逐渐受到重视，了解心理健康知识有助于提升个人和社会的幸福感。因此，在当今社会，掌握心理学知识显得尤为重要。至少，我们应了解某种心理疾病产生的根源。如此，方能对周围人的异常行为有所警觉，及时给予关爱或引导其寻求专业帮助。同时，也能促进自我心理健康，提高生活质量，构建更加和谐的社会环境。

近年来，“原生家庭”这一概念频繁走入公众视野，它揭示了众多心理问题的深层次根源——父母的影响。家庭关系融洽程度，往往成为衡量个体精神是否健康的一把标尺。不少家

庭中，父母的控制欲过强，如枷锁般束缚着子女的心灵，使子女在自卑的泥潭中越陷越深。另一些父母则深陷自恋的漩涡，一旦自我满足的需求得不到回应，便如同火山般将愤怒喷发至无辜的孩子身上。更有甚者，父母将自尊心视为生命的全部，这种现象在中国尤为突出。

积极教养的核心在于建立“容器型”亲子关系：父母如同稳固的容器，既能包容孩子的情感波动，又为其成长提供弹性空间。这种教育模式要求父母突破传统的权威角色，通过日常的“5 分钟深度对话”“情绪日记分享”等具体实践，培养孩子的心理韧性。教育学家强调，安全型依恋关系的建立，能够帮助孩子形成稳定的自我价值认知，这是抵御自卑心理最坚固的盾牌。当父母学会将自我价值与子女成就解绑，家庭就会成为滋养心灵的沃土。这种转变不仅需要认知层面的觉醒，更需要代际创伤的自我疗愈——父母先修补好自身的心理缺口，才能真正以健康的方式传递爱与力量。

患有 NPD[①]（自恋型人格障碍）的父母，他们或许会展现出冷漠无情、自私自利的举动，不惜利用他人以满足个人私欲，全然不顾及他人的情感与权益。在自尊心方面，NPD 患者表现得尤为脆弱，一旦遭遇批评或拒绝，便会陷入极度的焦虑与愤怒之中，甚至可能采取攻击性行为，报复心强，易怒，以此捍卫自己脆弱的自尊。在人际关系中，NPD 患者往往展现出不健康的行为模式，倾向于追求短暂的关系来满足个人需求，并可能通过嫉妒、控制、操纵等手段来巩固自己在关系中的主导地位。对于权力，NPD 患者怀有极大的渴望，他们可能表现出傲慢、专横的一面，以确保自己在权力结构中的稳固地位，并可能利用自身的地位与影响力去操控他人以满足私欲。此外，患有 NPD 的父母还可能对孩子的成长产生深远影响，他们的行为可能导致孩子自我价值感低落、情感发展受阻，甚至形成扭曲的人际关系模式，这会对孩子的心理健康构成严重威胁。

自恋型人格障碍是一种严重的心理疾病，其核心特征包括

---

① NPD："Narcissistic Personality Disorder"（自恋型人格障碍）是一种以过度自我中心、缺乏同理心、需要持续赞美为核心特征的心理障碍。根据《精神障碍诊断与统计手册（DSM-5）》，其核心特征是自我重要性夸大、幻想沉迷、特权感、情感剥削、共情能力缺失。

过度的自我关注、自我中心、对赞美与认可的渴求，以及对他人需求的漠视。患者常常展现出傲慢自大、虚荣心膨胀、同理心缺失、自尊心脆弱、人际关系不健康、对权力狂热追求等特质。这些特质不仅深刻影响着患者的个人生活，更对其人际关系和社会功能造成了极大的冲击。他们可能频繁地利用他人以满足自己的需求，难以维持稳定而满意的人际关系。在职业环境中，自恋型人格障碍者可能因追求个人荣耀而忽视团队合作，导致职场冲突频发，影响整体效率和氛围。

识别自恋型人格障碍的关键特征包括以下方面。

他们倾向于夸大自身的重要性，即便缺乏相应的成就，也常自诩成就卓越、才华横溢，并渴望被视为胜利者。他们怀揣着对无限成功、权力、才华、美貌或完美爱情的幻想，认为自己应享有他人无法企及的特权。

此类患者深信自己是独一无二的存在，认为只有其他特殊或地位显赫之人才能理解或与之交往，这种自我特殊化的观念尤为强烈。他们极度渴求外界的赞美与恭维，以此验证自己的价值与重要性。

在人际交往中，他们常怀有不合理的期望，如期待获得特殊优待或他人的无条件顺从。他们可能会剥削他人以满足自身需求，缺乏共情能力，难以识别和认同他人的感受与需求。

嫉妒心和傲慢态度是他们的另一显著特征，他们或频繁嫉妒他人，或认为他人嫉妒自己，且常展现出高傲、傲慢的态度与行为。面对批评，他们可能会感到愤怒、羞愧或羞耻，尽管不一定会立即表露。

在建立亲密关系方面，他们往往面临困难，可能表现出过度的控制欲和操控行为。

相对于NPD，另一种人格障碍类型在人群中也较为常见，这就是喜怒无常的BPD[①]（边缘型人格障碍）型父母。他们表现出极强的依赖与控制欲望，尤其在他们的子女步入恋爱与婚姻生活后，这种倾向更是被推向极致。这类患者有以下特征：

身份认知的混沌迷惘：患者常常迷失于自我身份的迷雾中，其自我形象与内心感受如同风云变幻，难以捉摸且缺乏稳定性。

---

① BPD：边缘型人格障碍，是一种以情绪、人际关系、自我形象以及行为的不稳定为特征的心理疾病。疾病发病原因复杂，目前研究主要集中在遗传、病理生理、神经生化以及社会心理等方面。

自我价值感的严重缺失：患者缺乏清晰的自我定位与价值认同，自尊心脆弱不堪，对于“我是谁”“我存在的意义何在”“我的未来走向何方”等核心问题，缺乏深刻的自我探索与明确的答案。

情绪的剧烈起伏波动：患者的情绪犹如夏日午后的天气，瞬息万变且缺乏稳定性。一旦情绪的导火索被点燃，便会如同脱缰的野马般肆意奔腾，直至愤怒的情绪达到顶点，难以自我控制。

行为的冲动失控倾向：患者可能沉迷于赌博的泥潭，涉足高风险行为、暴饮暴食、驾驶行为失当、滥用各种物质或过度消费。同时，自毁倾向显著，频繁出现冲动行为、自毁意识或自残举动，令人担忧。

认知功能的动荡不安：在面临应激情境时，患者可能会短暂地出现偏执观念或严重的分离症状，如丧失现实感、感觉与身体或思维之间的连接断裂。

对被遗弃的深切恐惧与焦虑：患者对于被（真实或想象中的）遗弃抱有极度的恐惧，这种恐惧部分源自对独处的深深排斥。同时，他们对人际关系中的拒绝或批评迹象异常敏感，任何微小的情绪波动都可能引发心境的剧烈变化。

面对上述两种类型的父母，孩子往往会陷入深深的沮丧与无助之中。在此情况下，若条件允许，建议这类家长尽早寻求专业医疗帮助。然而，现实生活中，众多精神疾病患者对自身状况缺乏认知，他们的子女因此承受了巨大的心理压力。身处这样的家庭氛围，单凭个人之力是很难扭转局面的。

所以在这样的家庭中，一旦孩子步入成年，如果矛盾冲突始终无可避免，建议其在独立生活初期先与父母保持适当的距离，无论是建立自己的小家庭，还是选择独自居住，都应适度减少与父母的交集，避免过多的情感纠葛。保护自身的心理健康，防止受到进一步的伤害，才是当务之急。这些精神疾病患者虽也是受害者，但唯有他们的亲属，才能深刻体会到与之相处的无尽苦楚。

除了监督他们按时服药、及时就医外，很多时候，他们并不愿承认自己的疾病，反而将问题归咎于他人，认为他人过于脆弱或自私。面对这样的状况，沟通的空间极为狭窄，因此，选择适度远离，不失为一种明智之举。同时，积极寻找有相似经历的人，组建互助小组，共同分享经验，相互提供情感支持，这也是一种重要的自我疗愈方式。在此过程中，逐步明确自己的边界，确立自我价值，确保个人的成长与发展不被原生家庭的阴影所牵绊。

保持开放且真诚的交流，坦诚地表达个人感受与需求。明确界限，向家长传达我们乐于提供援助，但也期望他们尊重我们的感受与需求。一旦他们的行为对我们构成压力或伤害，应果断拒绝或寻求援助。

在关爱家长的同时，也要注重自身的身心健康。确保充足休息、均衡饮食与规律锻炼，以维持身体健康。此外，寻找适合自己的放松方式，如阅读、聆听音乐或投身其他爱好，以缓解压力。

若家长的心理问题严重干扰我们的生活质量，或我们感到难以应对，务必及时寻求专业帮助。心理咨询师或治疗师能为我们提供专业指导与支持，助我们走出困境。

构建社交支持网络，与朋友、同学或同龄人建立联系，分享我们的感受与经历。他们或许能为我们提供看待事物的不同视角与支持，助我们渡过难关。保持乐观态度，面对挑战时至关重要。相信自己能够克服困难，并积极寻找解决问题的方法。

为应对可能出现的紧急情况，制订详细计划，包括紧急联系人、安全地点及撤离路线等，以便在需要时迅速行动。随着时间的推移，我们可能会发现新的应对策略与方法。保持学习与适应能力，以便更好地应对未来的挑战。同时，不要忽视心理健康的重要性，适时寻求专业心理咨询。通过冥想、瑜伽等方式放松身心，保持平衡的生活状态。记住，每个人的成长之路都是独一无二的，要珍惜这段旅程中的每一步成长与收获。

学会辨识各类精神与心理问题及其成因至关重要。在广泛的人际交往中，初时一般难以显露深层缺陷。然而，一旦与某些人建立起亲密关系，就难免会卷入他们的因果纠葛甚至扭曲的家庭关系中，进而波及子孙后代，改写一生轨迹。许多原本家庭和睦的个体，因缺乏对此类知识的了解，不慎踏入了这样的人际漩涡。无论是亲密关系、两性关系还是雇佣关系，在这些关系中，受害者常因人格障碍而备受折磨，却往往将自身因素视为问题的根源，认为自己有错在先，才招致如此待遇。殊不知，类似情况在周围人中屡见不鲜。有时，过度的善良、泛滥的同情心以及强烈的慈悲心，会让人深陷此类因果之中，难以自拔，甚至一生受累。因此，学会保护自己，辨明他人真实性格与意图，是维护自身心理健康的关键。深刻洞察人际关系的本质，才能在复杂多变的社会中保持清醒与独立，避免不必要的感情纠葛与心理创伤。

因此，我强烈建议那些家庭幸福、生活美满的人，对世间的阴暗面保持警惕。因为并非所有家庭都能孕育出心理健康的孩子,而这些孩子的问题会持续影响他们自己和周围人的一生。面对这类问题，我们应积极寻求专业医疗帮助，而非认为可以仅凭一己之力，就能化解对方生活中的种种难题。否则，只会将自己也拖入无尽的困境。这是蕴含着血与泪的真知灼见。

每一个试图以一腔热血拯救他人的灵魂背后，都可能隐藏着对自我价值的误读和对他人苦难的轻视。真正的善良，是懂得界限，是在合适的时候伸出援手，而不是盲目地让自己成为他人问题的牺牲品。它要求我们在慈悲的同时保持理智，理解每个人的生命轨迹都有其独特性和复杂性。善良不是无原则地纵容，而是在尊重与理解的基础上，给予对方成长的空间与自由。

身为子女，我们大多缺乏治愈父母伤痛的力量。自恋型人格障碍之所以令人畏惧，是因为它常让周遭之人自我反省，而患者却浑然不觉。请警惕，此类情况并不罕见。他们逐渐吞噬周围人的心理健康，引发抑郁与焦虑。边缘型人格障碍患者则擅长归咎于他人。与他们共处，我们会深刻体会到何为度日如年。这绝非夸大其词，唯有亲身经历或目睹亲人受此困扰，方能感同身受。短暂相处与终身相伴，完全是两种截然不同的体验。因此，掌握一些心理学基础知识，学会辨识精神障碍的迹象，对我们的人生大有裨益。同时，应当对人保持适度的戒备并留出回旋空间，切莫盲目播撒爱意。

善良与热心固然值得赞赏，但理性与自我保护同样不可或缺。面对潜在的精神疾病患者，保持适当的距离，不仅是对自己负责，也是对他人的尊重。在爱与理性之间找到平衡，方能让生活更加和谐美好。真正的善良，不是无原则地退让，而是在理解与包容中设立界限。它教会我们如何在复杂的人际关系中游刃有余，既不伤害他人，也不委屈自己，让每一份善意都能温暖人心，照亮前行的道路。

2. 理解父母的核心，是明确他们在社会中的具体位置

父母与孩子之间的关系，很大程度上映射出父母自身的人生抉择。家长控制欲的强弱往往是源自前辈家长对其潜移默化的影响。要调和亲子关系，关键在于深入理解父母的忧虑本质、个性核心以及他们在社会中立足的哲学基础。通常，个体步入叛逆期时，会经历一段长期的与家长的对峙。结果可能是在相互妥协中逐渐成长，或是成功说服父母，赢得对自己选择的尊重。最不理想的情况则是，个人丧失话语权，人生轨迹完全由父母掌控。

从遗传学角度看，父母作为家族中智商超群的一代实属不易，后代智商很容易出现均值回归，即波峰之后必有波谷。另一方面，个人学习的动力往往源自改变命运的渴望。第一代人

通过学习改变命运的效果可谓翻天覆地，但第二代人自小成长于大城市，享受着父母那一代难以企及的优质教育资源和健康生活条件。相比之下，那些父母同为城市第一代或第二代普通家庭的孩子，由于家庭背景相对优越，反而较少承受高等教育后代所面临的生存压力。简而言之，家庭是否有房贷或其他经济方面的压力,与父母是否严格控制孩子的学习成绩密切相关。经济条件较好的家庭，通常对孩子未来的选择和人生道路持更开放的态度；而生存焦虑较高的家庭，则因路径依赖而格外关注孩子的学习成绩。这种关注度的强弱与城市中的生存难度紧密相关。

在高强度的竞争环境中，孩子的学习成绩虽与其个人意愿存在一定联系，但本质上更关乎其是否具备学习天赋。一般而言，拥有天赋的学生在擅长的领域往往能轻松应对，无须过度消耗精力。现代教育体系的核心在于选拔人才，这一过程不可避免地会将缺乏天赋、资质平庸的个体筛选出去。换言之，普通人在面对高难度题目或追求高分时，大多力不从心。

许多家长对天赋普通的孩子寄予厚望，希望通过增加补习、提升学习强度及延长学习时间来弥补天赋上的差距，有些家长即便投入巨额金钱与精力，孩子成功的可能性也依然不高。

生存焦虑并非源自个体本身，而是时代赋予每一代人的独特考验与苦难。在理解这些差异时，我们会遇到重重困难。然而，在当下这个网络时代，社交网络的兴起让人们得以公开表达自己的想法和感受，进行广泛的讨论。这在一定程度上使得大多数人能够接触到更多元化的社会议题和观点，这无疑是一种进步。

对于孩子而言，若想让父母减少对自己的管束，通常需要自己在社会阅历上超越父母，特别是在人生道路的选择上。唯有拿出确凿的证据，证明自己所选路径的正确性，才有可能说服父母。我们在年轻时所踏上的道路，多是父母未曾涉足的。面对众多未知的选择，我曾犹豫不决，而我的父母却从未干涉，这让我最终得以选择一条适合自己的道路。尽管过程中我付出了巨大的代价，但无论如何，人生的道路应由自己来选择，不应盲目屈从于他人的安排。因为无论他人的建议是好是坏，终究不是出自自己的选择。当我们失去自主选择的权利时，怎能不对结果感到不满呢。

在与父母进行沟通谈判时，掌握优势并非无章可循。父母对子女的爱，首先体现在为其长远规划上，而这建立在他们对子女当前生活状态的精准洞察以及对社会发展趋势的前瞻性思考之上。基于此，社会地位较高且收入较高的父母，面对子女选择未知的道路时，他们通常能借助朋友资源，为子女提供更加精准且有前瞻性的建议。这样的父母，无疑是值得信赖的。

相比之下，多数处于工薪阶层的父母，在考虑问题时，更侧重于职业的稳定性与收入的多少，他们可能低估了实际道路的艰难程度，并普遍持有“学习远比劳动轻松”的观念。这种观念在中国家长中颇为普遍，但新时代教育多元化浪潮正在重构成功范式。当珠三角智能制造企业为高级技工开出硕士同等年薪，当德国双元制教育体系培养出兼具理论素养与实践智慧的新型人才，劳动与学习的边界已在技术革命中消融。父母需要认识到：教育评价体系正从“分数锦标赛”转向“能力培养场”，中国也正在推进将职业技能等级与学历证书等效互认，加大职业贯通，为破除职业偏见、激发人才活力提供更多保障。真正的教育公平，是使每个孩子都能在动手创造与动脑思考的辩证统一中，找到自我实现的生命支点。

归根结底，未经他人苦，莫劝他人善。未曾亲身体验过学习之苦的人，自然难以领悟其中的艰辛。同样，未曾见证真正天赋异禀之人的人，也更容易相信勤奋努力的价值。我们深知，这个世界不乏天才的存在，而他们往往还有特别勤奋的特征。因此，人生的关键在于如何精准地自我定位。在宝贵的生命旅程中，特别是在青春年华，明确自身的长处，并致力于将其培育为奋斗终身的事业，是至关重要的。因材施教的原则，在此显得尤为关键。

针对这一点，我们应采取的有效策略是，努力说服父母，让他们接受并认可我们的观点。至于说服的方法，其实并不复杂：我们需要广泛搜集他人人生道路上的抉择与行为，对他们的青春策略与人生轨迹保持开放与理解的态度。同时，向父母展现当今社会的多元与复杂，以及自己对此的深刻洞察与人生规划。

说服那些可能固执己见，甚至有时显得蛮横无理的父母，需要高超的技巧。运用“非暴力沟通”的智慧——用“我观察到您担心……”替代“您错了”,以“我们共同的目标是……”消解对立立场。真正的说服不在于纠正观念，而是唤醒父母未被察觉的爱，比如引导他们看见00后焊工在世界技能大赛夺冠时的荣光，理解无人机飞手在智慧农业中的价值创造。教育本应是双向启发的旅程，当年轻一代用行动证明“劳动创造新文明”，那些曾被误解的固执，终将化作支持新选择的温柔力量。

一般而言，父母会因所受教育的熏陶，会对子女表现出尊重。然而，面对控制欲较强的父母，子女的明智之举是保持距离。在亲子关系的动态平衡中,“保持距离”并非冷漠的疏离，而是建立健康边界的心灵智慧。北京某重点大学家庭教育研究院追踪的案例库中，记录着这样一个温暖范本：当计算机专业毕业生陈宇拒绝父母安排的国企职位，选择返乡创办智慧农业公司时，其父亲曾多次表示反对以及不理解，但这场冲突最终演变为代际互助的典范——陈宇通过每月“家庭创新简报”，向父母展示物联网技术如何提升家乡柑橘产量；母亲则发挥财务专业优势，协助建立合作社分红模型。两年后，这个曾被父亲斥为“不务正业”的项目，竟成为全县产业升级样板。心理学中的“课题分离”理论在此得到生动诠释：子女的独立不是对亲情的背叛，而是生命成长的必然。当父母学会把焦虑转化为守望，子女懂得将反抗升华为创造，代际间的张力便能孕育出惊人的生命力。

信息技术的影响力不容忽视。每个人的思维框架、思想理念各具特色，思考问题的起点与模式也千差万别。当前中国，20 岁的年龄差距已显著体现出思维与工具的断层，人们使用的工具与常用的思考方式大相径庭，无须过分强调其优劣。而即便是 5 岁的年龄差异，也会带来信息鸿沟与工具使用上的不同，这在以往是难以想象的。因此，在当今中国，5 年或许就已成为一道年龄的分界线。若父母与孩子之间存在二三十岁的年龄差，那便是 4 ~ 6 个这样的鸿沟，而祖父母与孙辈之间的差异则更为显著。

在城市化的生活中，究竟何种生活经验、人生经验对后代有益？家长无法单方面决定一切。作为家长，应充分尊重孩子，尤其是当他们擅长运用现代化信息工具时。而作为孩子，则需学会如何有效地与父母沟通，说服他们，并增强他们对自己的信心。在与父母的互动中，孩子能学到许多未来在社会上可用的技能。反之，如果连最熟悉的父母你都无法应对，那又如何面对未来社会上的各种人呢?

无论是父母对子女在人生特殊时期的引导，还是在漫长人生旅途中子女与父母间的博弈、理解、包容，乃至分离与和解，都是我们成长中不可或缺的一环。这些经历，正是人生体验的精髓所在。

3. 主动和父母建立边界感，明确什么可以，什么不可以

步入青春期，许多人都会经历性格的叛逆阶段，此时，父母有时难以理解我们的言行举止。然而，叛逆的本质，实则是个体人格独立的重要前奏。回溯古代，叛逆期亦是个人即将组建新家庭的转折点。人生旅途的每一步，更多的是需要遵循个人的判断与理想，而非他人的期许与安排。

父母常常会在前行的道路上，为我们提供诸多参考与选择。然而，遗憾的是，许多父母并未能胜任这一角色，反而容易将自己人生中曾经历过的焦虑，强加于子女身上。一个人究竟应选择哪条人生道路，实则需综合考量其个性、技能发展以及基因所赋予的特质，而不应仅仅局限于当前哪些专业更为赚钱，或哪些专业的就业前景更为广阔，等等。

相较于其他方面，在众多时刻里，不少父母对孩子的情感成长也常加以干涉。然而，我们在真正的成长历程中，犯错是不可避免的环节。许多父母剥夺了孩子经历错误的机会，从而让他们错失了正常成长中不可或缺的教训。这便是典型的越权行事，即越俎代庖。

在青春期的初始阶段，我们应与父母共同确立必要的界限感，明确他们应当介入与不应干预的领域。倘若直至青春期尾声，这一界限仍未清晰界定，那么父母在未来我们的婚姻与社会生活中，也很可能会过度干涉。

人生的核心并不在于父母能否在我们身上实现他们的梦想，而在于我们是否能将生活过得充实而有意义。即便我们完全遵循他们的足迹前行，父母内心或许仍难以真正满足。每个人真正应当倾听的是自己内心的声音，明确自己真正渴望的是什么，以及希望在这一生中成就何种模样的人生。其实，这些选择与父母并无直接关联。

一个人的生活方式与人生道路的选择，深受其成长历程的影响。尤其在青春期，个体接受的思想观念和价值取向，对其未来发展至关重要。在这一阶段，教育作为关键的社会化媒介，应突破单一评价体系的束缚，构建包容性成长环境。通过多元课程设置、跨学科实践以及鼓励批判性思维的课堂互动，教育能够激发青少年探索不同领域的兴趣，培养其适应复杂社会的“非标答案”能力。例如，项目式学习（PBL）[1]将现实问题引入课堂，让学生在协作中打破思维定式；艺术与科技的融合课程则培育跨界创新能力。这种教育模式不仅尊重个体差异，更将多样性转化为创新动力，为未来社会储备兼具人文情怀与解决问题能力的复合型人才。

梁启超言：“人者固非可孤立生存于世界也，必有群然后人格使能立。”这句话强调了人的社会性本质，个体需要在与他人的互动中实现自我发展，同时保持独立性和独特性。当我们试图影响他人时，若只执着于单向输出观点，往往适得其反——就像当父母对某些事情缺乏理解时，强行劝说的方式自然难以奏效，更难以改变他们的想法。保持独立性的关键在于“温柔而坚定”的边界意识。可以借鉴“非暴力沟通”模型：

① PBL：Problem-Based Learning，这种方法不像传统教学那样先学习理论知识再解决问题。问题驱动教学法是一种以学生为主体、以专业领域内的各种问题为学习起点，以问题为核心规划学习内容，让学生围绕问题寻求解决方案的一种学习方法。

当父母过度干预职业选择时，用“我感到 + 我需要”的句式替代争辩（“我理解您的担忧，但我需要先尝试自己规划人生路径”）。同时建立“情感账户”，在日常与父母多存储理解与关怀，在意见产生冲突时才能支取信任额度。不少人在大学时期选择远离家乡，远赴他乡求学，这在一定程度上也是在寻求从父母控制的束缚中解脱的方式；选择前往大城市发展，而非留在家乡的县城，同样是一种无声的反抗与独立宣言。

在人生的旅途中，沟通不畅的阴影如影随形，其带来的负面影响不容忽视。即便我们已至中年，父母亦接近晚年，他们仍可能对我们的生活指手画脚。面对此情此景，我们需要耐心地与父母进行多轮沟通与协商，让父母主动卸下这份控制的执念，实则是对他们最深的尊重。

4. 什么样的沟通是有效的？君臣父子关系适合现代社会吗？

在我国迈入现代社会的过程中，君主制的身影已然淡出历史舞台，平等的观念逐渐占据了主流位置。但随之而来的，是一个引人深思的问题：为何家长仍能以一种近乎“天赋”的权威，全面左右孩子的行为举止？这一现象的根源，在于孩子作为尚未成年的个体，在诸多至关重要的决策节点上，往往缺乏足够的判断力和责任感。不过，现实情况是否真就如此一成不变、刻板僵硬？

不难发现，在当下的社会环境中，有许多二三十岁的成年人，其人生的航道依然被父母紧紧把控。无论是夜晚归家的时间限制，还是交友对象的精挑细选；从工资的支配使用，到购房购车的重大抉择；乃至婚姻大事的拍板决定，以及育儿方针的悉心规划，父母的话语权与影响力无处不在，深深渗透进了子女生活中的方方面面。

要成就卓越，个体需兼备自信、自立、自强及自主的品性。一个总是盲目遵从父母意愿、不敢稍有逾越的孩子，往往在职场上扮演顺从者的角色，容易成为被剥削的对象。一个人在家中对父母百依百顺，而在社会环境中却展现出截然相反的强硬姿态，这样的情况较为少见。人们在家庭中的行为模式往往会在外界环境中得到复制与延续。

身为父母，若能深入理解并真诚尊重孩子的选择，与孩子构建一种既为导师又为挚友的亲密关系，而非依赖打骂、精神压迫或体罚来纠正其行为，这样的教育方式无疑能最大限度地激发孩子的内在潜能。众多家长经常陷入一个自相矛盾的逻辑困境：他们担心孩子因取得好成绩而骄傲自满，于是当孩子获得 90 分时，会询问是否达到了 95 分；当孩子取得 95 分时，又会探问班里是否有满分者；即便孩子斩获满分，家长仍会追问满分的人数。这种矛盾的心理让孩子倍感压抑，无力反驳。试问，社会上有人年收入百万，有人年收入千万，更有年收入上亿之人，为何作为家长的你却不能成为其中的一员？是否反思过你与年入百万的老板和职业经理人之间的差距究竟何在？假若你月收入达到50万，或许也会有人不屑一顾地说："那还有月入百万的呢，你这点小成就有什么好骄傲的？"但只要我们换位思考，便能洞悉，这看似为了避免孩子骄傲自满，实则是一种急功近利、适得其反的错误教育方式。

维护孩子的身体健康固然重要，但确保其心理健康与精神福祉也十分关键。实现这一目标的核心在于全方位尊重孩子的行为表现。家长在引导孩子行为的过程中，应避免采取打骂等粗暴手段，而是应当尊重孩子的人格尊严，避免对其进行贬低，从而助力其成长为一个健全的人。当孩子步入叛逆期，父母的权威往往会受到挑战，许多家长会感到难以适应。然而，叛逆期实际上是孩子迈向独立的重要阶段，若盲目压制，只会使问题延后爆发。若家长教育方式不当，可能会培养出精神压力大、情绪不稳定的个体。这些孩子虽然看似取得了一定成就，但内心却可能充满了负面情绪，既仇视自己，也仇视他人，孩子的行为可能会越来越极端。

在当下社会，不少家长仅因孩子偶尔的游戏沉迷、成绩的微小波动，或是面对作业难题时的些许困扰，便情绪失控，歇斯底里。更有甚者，将训斥孩子的瞬间定格为影像，上传到网络公之于众，任由万千网友对孩子的“不聪慧”评头论足。此情此景，不禁令人质疑：这些家长的心理状态是否已悄然失衡，是否需要尽快踏上寻求专业心理援助的征程？更值得我们深思的是，这种教育方式是否源自父母的上一代，成为教育孩子的一种本能反应。

有人持续为“棍棒底下出孝子”这一传统观念辩解，视其为中华民族的传统美德。但时至今日，仍然有一些网瘾戒除学校、军事化管理型学校，以及各式各样的训练班、夏令营和冬令营存在。这些机构本质上都是对未成年人身心的控制甚至虐待，把孩子送去这种地方，无异于将孩子推入苦难的深渊。

只要家长能对孩子的人格给予适当的尊重，事态便不会恶化至此。中国每年遭遇精神崩溃困境的青少年数量可谓触目惊心。高校之内，因学业与就业压力而罹患精神疾病的学生亦不在少数。维护精神健康，不能仅仅停留于苍白无力的口号。我们应当尊重每一个生命独立而完整的价值，这种尊重，应当从他们降生于世、产房中响起第一声啼哭的那一刻起，便深深镌刻在我们的心中。

新时代的父母，应当深切尊重孩子的个人选择、思想情感与意志自由，即便面对成长中的挫折，也应怀揣足够的尊重与理解之心。我们可以适度引导、施加积极影响，但务必恪守界限，绝不越俎代庖，去完成孩子本应独立承担的成长任务。

我们应坦然拥抱自身的平庸、父母的平凡以及后代的普通，学会与自己、与父母、与孩子达成和解。然而，接纳平凡并非否定努力的价值，而是将奋斗的坐标从“超越他人”转向“自我超越”。真正的努力，是认清局限后依然选择深耕热爱的领域，是父母为家庭默默付出的坚韧，是孩子在跌撞中坚持探索的勇气。中国传统文化中“尽人事，听天命”的智慧，恰揭示了奋斗的本质——不因结局而否定过程的意义。若将人生简化为“输赢”的竞赛，反而消解了普通人用汗水浇筑的尊严。奋斗的价值，在于让每个“平凡”的生命都能在属于自己的轨道上茁壮成长。

未来的社会亟须独立自主、自信自强的优秀人才，迫切呼唤能够推动科技创新、引领时代浪潮的精英力量。这些人才的成长与发展，离不开家长的充分尊重与精心培养。

在新时代下，作为新青年，当我们成为父母，需要以更开放的姿态重塑亲子关系的边界。我们不再将“养育”等同于单向度的付出与掌控，而是学会把家庭视为共同成长的生态系统。面对在线教育平台、人工智能家教等新工具，我们既要善用技术资源拓宽孩子的认知维度，更要警惕数字化代沟可能造成的理解断层。我们要深知，新时代父母的核心使命不是打造完美模板，而是帮助孩子建立应对不确定性的心理韧性和创新思维。当孩子遭遇挫折时，与其提供标准答案，不如通过情景模拟训练其解决问题能力；当面对价值观冲突时，与其强制灌输，不如用跨学科知识构建思辨框架。这种教育范式的转变，正是新青年父母送给孩子最好的成人礼。

5. 学会反抗，面对明显的精神控制要说“不”

在光鲜亮丽的职场背后，或许隐藏着一群甘于奉献却饱受阳光型抑郁困扰的员工。许多人日复一日，以温暖的笑容和积极的能量照亮着周围的世界，而内心深处，却如同被乌云笼罩，千疮百孔，无人知晓。他们如同舞台上的演员，扮演着快乐的角色，而背后的泪水与痛苦，只能独自品味。他们渴望被理解，却又害怕揭开那层精心编织的“快乐”面纱。他们急需一束光，穿透云层，照亮他们前行的路。

在众多家庭之中，亦不乏看到被父母赞誉为“乖巧顺从”的孩童身影。他们的眼眸里或许流露着对父母的依恋与期盼，然而，在这份“乖巧顺从”的表象之下，有些孩子是否掩藏着对个性表达的抑制与牺牲？他们是否出于渴望获得父母的赞许与奖赏，而默默背负起“乖孩子”的枷锁？这种表面和谐的亲子互动，无异于以奖励和赞美为诱饵的训练机制，让孩子在不经意间丢失了真实的自我与探索未知的勇气。长此以往，这些“乖巧顺从”的孩子虽能暂享欢愉与认可，却也可能在不知不觉中关闭了心灵的大门，遗落了那份难能可贵的质疑精神与创新胆识。

我们不禁要问，这样的关系真的正常吗？当员工以笑容掩饰内心的痛苦，当孩子以乖巧换取父母的赞许，这背后所隐藏的，或许是对真实情感与需求的忽视与压抑。真正的健康与幸福，不应建立在隐藏与牺牲之上，而应是对自我真实感受的尊重与表达。我们需要重新审视这些看似正常的现象，寻找更加健康、和谐的人际关系与生活方式。在这个过程中，沟通成了关键。无论是职场中的坦诚相待，还是家庭中的情感交流，都需要我们勇敢地表达自己的感受，倾听他人的声音。只有这样，我们才能共同构建一个充满爱与理解的社会，让每个人都能在其中找到属于自己的幸福与满足。

我们是否愿意成为他人眼中的“乖老公”“乖孩子”“乖员工”？这样的人生，是否还属于我们自己？我们究竟为何而活？这个问题的答案，唯有自己心知肚明。我们快乐与否，他人无从知晓，也不会关心，更不会理解。因此，当我们感到不快乐时，切勿自我欺骗，因为这只会让我们的精神逐渐崩溃。终有一天，我们会发现，这种表面的健康已难以维持，生活已然失衡。这或许就是许多乖孩子在叛逆期或经历人生重大挫折后，会发生巨大转变的原因。他们开始质疑曾经的一切，渴望寻找真正的自我。那些被压抑的情感和梦想，如同被囚禁的鸟儿，一旦挣脱束缚，便会不顾一切地飞向自由的天空。在这个过程中，他们学会了为自己而活，不再为他人的期望所累。

在世人瞩目的光环之下，或许隐藏着一群灵魂的暗夜行者。有时，他们是众人眼中的天之骄子，是父母口中听话懂事的典范，成绩斐然，举止得体，仿佛每一步都精准地踏在了社会期望的节拍上。然而，在这光鲜亮丽的背后，却是一片鲜为人知的荒芜之地。他们的内心世界，如同被扭曲的镜像，映照出与外表截然不同的风景。他们戴着自己精心雕琢的面具，行走在既定的轨道上，每一步都小心翼翼，生怕露出丝毫破绽。但在这份小心翼翼之中，他们却逐渐失去了自我，内心的声音被无尽的喧嚣所湮没。自我怀疑如同锋利的刀刃，一遍遍地切割着他们的内心，留下一道道难以愈合的伤痕。他们渴望被理解，渴望有人能穿透那层厚厚的面具，触碰到他们最真实的自我。但现实却如同一道无形的牢笼，将他们紧紧束缚，使他们在孤独与自我怀疑的深渊中越陷越深，再用自己的方式诠释着优秀与听话的代价。在这个纷繁复杂的世界中，或许只有真正的理解与关爱，才能成为他们走出困境的钥匙，让他们重新找回属于自己的光芒。

在这个世界上，我们需要对自己的人生负责。负责的本质是成为人生的“第一责任人”，这意味着不再将原生家庭的遗憾、社会多方的催促当作逃避的借口，也让自己具备“动态校准”的智慧。

面对职场中老板可能实施的PUA[①]行为，我们应如何应对？职场中的PUA行为如同隐形的蚕茧，老板试图用贬低、操控和情感绑架束缚个体的成长。但我们的破局之道并非对

① PUA：全称Pick-up Artist，意为“搭讪艺术家”，俗称“恋爱大师”，原指一方为了发展恋情，系统性地学习如何提升情商和互动技巧以吸引对方，直至发生亲密接触。目前多指在一段关系中一方通过言语打压、行为否定、精神打压的方式对另一方进行情感操纵和精神控制。

抗与逃离，而在于以柔克刚的智慧——将压迫性关系重塑为双向赋能的纽带，这正是现代职场人必修的“反脆弱”课程。真正的职场反 PUA 始于对自我价值的清晰认知。我们可以建立“成就可视化”图表或者日报：员工每日记录三项核心贡献（如“优化了项目流程”“帮助新人成长”等），形成个人价值数据库。当遭遇“离开平台你什么都不是”的否定时，这些具象化的成就清单能瞬间击碎认知迷雾。心理学中的“自我决定理论”指出，当个体建立起内在价值体系，外在评价便失去操控的支点。家庭中的“情感账户”概念同样适用于职场：当员工像经营家庭关系般持续储蓄“专业价值存款”（如超额完成任务、分享行业洞察），便能在遭遇 PUA 时支取“信用额度”进行平等对话。

面对夫妻之间的精神控制，首先要认识到问题的严重性。精神控制是一种隐性的伤害，它逐渐侵蚀个人的自信和自尊，甚至影响心理健康，因此不能忽视这种行为。一旦确认存在精神控制，应立即寻求专业帮助。心理咨询师或婚姻治疗师能提供专业的指导和支持，帮助夫妻双方理解问题的根源，并找到有效的解决方案。同时，也可以考虑加入相关的支持小组，与经历相似问题的人分享心得，获得情感支持。此外，建立健康的沟通方式至关重要。夫妻之间应学会坦诚相待，尊重对方的感受和想法。在沟通时，避免使用攻击性或贬低性的言辞，而要用平和、理性的语气表达自己的观点和需求。增强自我意识也是摆脱精神控制的关键，要时刻保持警觉，不让对方的言语或行为左右自己的情绪和判断。通过自我肯定、冥想、运动等方式，提升自己的心理素质和抗压能力。如果情况严重，必要时可以寻求法律援助。法律能保护个人的合法权益，确保其不被精神侵害。总之，面对夫妻之间的精神控制，需要勇敢地站出来，积极寻求帮助，建立健康的沟通方式，增强自我意识，并在必要时采取法律手段保护自己。只有这样，才能摆脱精神控制的束缚，重建和谐、健康的夫妻关系。

无论身份、地位、财富如何，每个人都值得被尊重。尊重他人，是一种修养，也是一种美德。有些人往往首先注意到的是彼此地位的不平等，对地位高于自己的人极尽逢迎之能事，对地位低于自己的人则傲慢无礼。对人际关系的价值判断，大多源于利益的得失考量。无论我们是作为家长、子女、配偶还是员工，都应铭记：反抗 PUA 并非逞强斗狠，而是对平等关系的坚守。每一次说“不”，都在重塑健康的人际模式——真正的尊重，是建立在双方人格对等的基础上。

清醒是破局的第一步。PUA 往往披着“为你好”的外衣，用持续贬低制造自我怀疑。要识破这种伪装，需建立稳固的自我评价体系：客观看待他人评价，区分建设性批评与恶意打压；设定边界是无声的宣言。用“你的评价不代表事实”驳回无理指责，以“我拒绝接受这样的安排”终止过度索取；实力是最强的护甲。当我们在职场中遭遇 PUA 时，专业能力的精进能瓦解“你离开这里无处可去”的威胁，在情感关系中保持经济与精神独立，可避免陷入“依附者”的弱势地位。当个体拥有不可替代的价值，操控便失去了着力点。

6. 距离产生美，矛盾无法调和时，保持物理距离是上策

在矛盾难以调和的时刻，我们往往急于求成，渴望迅速解决问题。时间在我们的生命中扮演着至关重要的角色，这意味着解决矛盾需恰逢其时。同时，有些问题或许将伴随我们一生，无法彻底解决，这些问题超出了我们的解决能力范围，也不应由我们承担，因为我们并非其问题的根源。许多人抱有一种可以拯救世界的幻想，相信自己能以一己之力改变世界格局，这其实是自我意识过强的表现。未经真正挫折洗礼的人，往往对自己的能力边界缺乏清晰的认知。

接受矛盾本身是成长的入场券，我们和父母——两代人的认知鸿沟本质是时代迭代的投影。父母用粮票时代的生存智慧解读我们的元宇宙人生，我们又以 5G 速度解构他们半

生积累的经验法则——这种错位注定碰撞。所以，我们不要把矛盾视为亲情裂痕，它是我们独立人格觉醒的仪式。真正的成熟始于承认：有些冲突不需要解决，只需要共存。

心理学中的“适度分离”理论可以为脱离困局提供新思路：物理空间的暂时疏离（如异地工作）、情感距离的理性把控（设立沟通规则）、价值体系的独立建构（发展个人生活重心）。这些策略不是冷漠割裂，而是为代际关系创造呼吸空间。这一理论的深层价值在于重构了传统家庭关系的运行逻辑——它打破了“亲密无间即是和谐”的认知定式，揭示了健康代际关系的关键在于“动态平衡”而非“绝对融合”。物理空间的疏离本质上是为双方提供情绪缓冲带，让被冲突炙烤的情感获得冷却的机会。当日常摩擦因地理距离的阻隔而减少，那些被激烈情绪遮蔽的深层关怀反而得以浮现。这种策略性疏离并非逃避，而是通过空间置换激活关系的自愈能力。

情感距离的理性把控，则是对中国式亲情“过度卷入”的文化矫正。我们可以通过设立沟通规则（如限定争议话题的讨论时长、约定情绪失控时的暂停机制），为情感互动安装“稳压器”。这种边界并非冰冷的屏障，而是类似细胞膜的“选择性通透”机制——既能阻隔伤害性话语的侵入，又能让温暖与理解自由渗透。当子女学会用“我理解您的担心，但需要时间思考”来替代歇斯底里的对抗，父母也逐渐领悟“沉默的守望比灼热的控制更具力量”，代际互动便从消耗性的拉力赛转向建设性的探戈。

价值体系的独立建构，则是应对代际冲突的终极防线。当我们通过持续学习、职业发展和社会实践建立稳固的自我认知，便不再将父母的认可作为存在价值的唯一来源。这种精神独立不是对抗性的割席，而是像树木分化形成层般自然生长——既与母体保持营养输送，又形成独特的年轮轨迹。在这个过程中，传统文化中“孝顺”的内涵被重新诠释：真正的孝不是无条件顺从，而是以成熟独立的姿态，帮助父母完成从“养育者”到“守望者”的角色进化。

“适度分离”的本质是一场精妙的代际关系再平衡：通过空间疏离缓解急性冲突，借助情感边界防止慢性消耗，依托价值独立实现终极和解。这三重维度共同构成一个有机的缓冲系统，使代际差异从撕裂关系的利刃，转化为推动成长的砺石。在这个过程中，子女需要完成从“被定义者”到“自我定义者”的蜕变，父母则要经历从“掌控者”到“见证者”的转型。当双方都能在分离中保持连接，在独立中传递关怀，那些曾令人窒息的代际控制，便有可能转化为滋养生命的适度张力。

这种分离哲学暗合生态系统中的“边缘效应”——自然界最富生机的区域往往存在于不同生态系统的交界带。代际关系的进化同样如此：当亲子双方既保持必要的独立性，又维持适度的互动性，便能在传统与现代、集体与个人的碰撞中，催生出更具适应性的新型家庭形态。它既保留了东方家庭的血脉温情，又注入了个体主义的成长基因，最终在“分离”与“融合”的辩证运动中，实现代际关系的螺旋式上升。因此，“适度分离”不应被简单理解为权宜之计，而应视作代际关系现代化的必经之路。它要求当代青年以战略定力推进“温和革命”——用空间置换争取成长时间，以边界设置培育对话土壤，借价值重塑达成深层和解。这种看似退守的策略，实则是为了在情感能量守恒的法则下，为代际关系的质变积蓄势能。当分离期的自我成长足够丰盈，终将消解对抗的硝烟，让两代人在更高维度上实现精神重逢。不要轻视居住地的变换与搬家的自由，这不仅是地理上的迁徙，更是人生道路上的重要抉择。

家庭代际冲突的本质是不同生命阶段、不同时代印记的碰撞。我们不应执着于消除差异，而应学会在差异中共存——老一辈的智慧需要被倾听，年轻一代的边界需要被尊重，每一次的冲突，都是彼此重新认识的机会。

第二章
婚姻

（避开婚恋误区，爱，平等而独立）

“

人生应由自我主宰，而非任由他人摆布；爱人者，先自爱。真情，即无私地倾注自我，以诚挚之心待人，用心灵去换取另一颗心灵的共鸣。

1. 你的理想对象是什么样的？什么样的人适合你？

追求一生的幸福，寻觅一位合适的伴侣无疑是至关重要的选择。诚然，也存在一些人能够独自漫步于人生的旅途，但那毕竟属于少数。通常情况下，人们更倾向于拥有一位伴侣，以满足情感、心理乃至生理上的种种需求，相互扶持，携手共度此生。

要寻觅到一位合适的伴侣，首要步骤是深入且清晰地认识自我。这包括审视自己的本质——我们究竟是怎样的人？同时，也需明确自己的社会阶层归属，以及未来生活的地域倾向：是倾向于在繁华的都市扎根，还是宁静的乡村定居？是否预见自己的生活重心会发生地域上的迁移？此外，还需关注国家政策的未来导向，以及个人经济生活的长远规划。

对于组建家庭，是否计划孕育后代？若计划，期望的孩子数量是多少？又打算在何时迎接新生命的到来？这些问题，虽显琐碎，却非常现实，不容忽视。

回溯至问题的本质，我们探讨何为适合携手共度一生的理想伴侣，以及哪些人是我们能努力争取的。这两个范畴间，无疑存在着交集——那些既能被你吸引，又与你高度契合的人。

谈及个人的兴趣爱好，差异无处不在。完美的契合在现实中几乎不存在，大多数伴侣都需要经历一段磨合与调整的时光，这段时期或长或短，可能绵延数年，也可能转瞬即逝。若一方愿意为爱情做出改变，这本身就是一种值得珍视的深情。

步入婚姻生活后，由于双方来自不同的家庭，生活习惯大相径庭，适应的过程在所难免。这时，要么一方需要适当妥协，要么双方共同寻找一个平衡点。

但我们首先应该考虑什么呢？无非是以下几点：

1. 伴侣是否满足我们对伴侣的核心要求（如责任感、善良、价值观一致）？

2. 我们是否能够彼此包容对方的缺点？对方的缺点是否触及你的底线？

3. 伴侣是否和我们拥有相同或相近的人生观、世界观？

4. 我们在财富上能否互相满足从而为彼此提供安全感？

5. 我们的消费层级相差不大，基础价值观相匹配。

6. 我们处理矛盾与冲突的方式是什么？对尊重与平等的认知是否一致？

7. 双方是否都来自精神正常的家庭，双方父母与子女的关系没有重大问题。

常言道，物以类聚，人以群分。很多时候，相似的出身背景、人生体悟和价值观，皆源自相似的家庭熏陶。父母的教育在我们的人生旅途中扮演着举足轻重的角色。因此，当父母与伴侣的父母在诸多方面大相径庭时，或许预示着这段关系并非天作之合。世界观迥异的两个人，在处理同一件事时，通常会采取不同的方式，而这些不同的方法，正是矛盾滋生的温床。人生观的不同，更会导致两人在面对喜怒哀乐时展现出截然不同的态度。

婚姻的破裂，往往因于性格不合，而性格的根源，实则深植于我们的出生背景与成长环境。独生子女在情感世界里，大多展现出较为明显的自我倾向。在现代情感生活中，许多人倾向于要求对方迁就自己，无论自己的情感需求多么独特甚至扭曲，都期望伴侣能给予无微不至的关怀与理解。这种过度以自我为中心的心态，无疑为其婚姻埋下了隐患。

另一方面，也存在着一群乐于奉献的人，他们带着服务他人的想法步入两性关系。当双方均具备这种品质，或一方先一步展现，另一方随后跟上，婚姻关系便能相对和谐。然而，若双方均过于自私，或其中一方存在如自恋型人格障碍等心理问题，另一方则可能不自觉地成为其情感能量的提供者，反而加剧对方的精神困扰。

因此，两人的结合，不仅关乎外貌、感觉、荷尔蒙与欲望，更与双方的价值观、责任感、家庭背景、在家庭中的角色定位以及从小形成的心理成长轨迹紧密相连。仅凭一时的激情与冲动做出的重大人生决定，往往难以长久，这也是当前离婚率居高不下的重要原因。所谓的性格不合，更多时候是指价值观与生活习惯的差异。当一个人习惯于索取，另一个人便不自觉地成了“供养者”。步入婚姻后，这一“供养者”

的角色从家人转变为配偶，若未能及时调整与适应，便可能导致关系的破裂。

各城市的消费水平参差不齐，因此，准备步入婚姻殿堂的双方需细致考量彼此的经济状况是否契合，即在经济层面实现相互匹配。这主要指的是双方收入相近，不存在一方完全无收入或双方收入悬殊的情况。否则，日常消费层次的不同可能会引发价值观冲突，甚至产生严重后果。这并非单纯因于收入多少，更多的是消费习惯的不同。

在极端情况下，有些人尽管收入微薄，却依赖信用卡、消费贷等方式进行高额消费。对于这类人，应慎重考虑是否将其作为终身伴侣。通过观察其日常消费及信贷行为（如是否将月收入大部分用于偿还信贷产品），便可洞察其消费习惯的健康程度。

那些习惯高消费且收入较低的人，很可能因债务缠身而无法承担家庭开销。从单身到结婚，再到组建有孩子的家庭，个人所承担的经济压力会逐步增大，这一点必须正视。

不难发现，若两个家庭的价值观相悖，在重大决策上很可能会产生分歧，诸如新房装修、子女教育或是事业上的重大抉择。当个人怀揣着干出一番事业的雄心时，家庭可能成为助力，也可能成为羁绊。因此，选择伴侣时，必须审慎考虑其家庭的社会地位与价值观，能否在你追求事业时给予支持，能否尊重你的选择、支持你的成长。

原生家庭的影响如同基因编码，奠定了我们认知世界的初始程序，但生命的精彩正在于其超越代码的可塑性。

婚前债务本身并非婚姻禁忌，关键在于评估其形成原因（投资性负债优于消费透支）与偿还计划可行性。若对方能以透明态度沟通债务细节，制定清晰的还款路径，且债务规模在可控范围内，这种压力反而能检验双方的信任构建与协作智慧。真正的婚姻伴侣，是能将危机转化为经历共同课题的战友——债务如同提前到来的风浪，若能用财务共管、消费降级、增收计划等策略共同应对，反而能锤炼出抵御未来风险的韧性。

如果正徘徊在是否应维系这段关系的十字路口，我们不妨先寻求专业帮助。预约一位专业人士，比如心理咨询师，与之心平气和地探讨我们的困惑与抉择。专业视角能帮我们梳理关系中未被觉察的互动模式，例如长期积压的沟通障碍或情感需求错位。通过沙盘推演不同选择带来的生活图景，我们会更清晰：自己能否承受修复的阵痛，或是需要勇敢放手。咨询过程中，我们可以多尝试用“我感到……”句式来表达自己真实需求，而非指责对方。无论最终选择坚守或转身，请记得：关系的价值不在于长短，而在于它是否滋养了我们，使我们成为更好的自己。

最高阶的婚姻状态，是形成“1+1>2”的成长飞轮。这种效应建立在三个核心支点上：当理性思维者与感性创造者结合，这种差异互补，便构成天然的学习共同体；双方通过社会网络的联结、知识技能的共享，创造出指数级扩大的机会窗口；还有一点，是双方对精神共鸣的追求，对共同人生意义的追求，使关系超越世俗层面。婚姻是一场持续终身的自我探索与共同进化，它既非传统观念中的“人生归宿”，也不是有些媒体渲染的“情感消费品”，而是一面能够照见生命多维度的棱镜，一座淬炼人格的熔炉，更是一项需要战略思维与艺术感知力共同经营的“人生共创项目”。在当代社会，当婚姻逐渐褪去生存必需品的属性，回归到精神成长载体的本位时，我们选择踏入婚姻，实质上是在进行一场勇敢的生命实验——通过深度关系的构建，实现从“我”到“我们”的跃迁，并在这种跃迁中持续遇见更好的自己。

真正的心灵成长，始于理解父母的局限，终于创造自己的无限。当我们以创业者视角经营婚姻，以艺术家心态滋养关系，以哲学家智慧理解矛盾，婚姻便从世俗制度升华为生命艺术。这或许正是人类婚姻存续数千年的终极密码——它始终为愿意成长的灵魂保留着通往更完整自我的路径。

2. 为什么不要做一个经济上的供养者？

在经济生活中，夫妻间的相互扶持是常态。然而，当今社会，不少未婚情侣间也涌现出频繁的经济往来，这在以往是颇为罕见的。在当代情感关系中，“经济供养者”的角色往往被视为一种隐形的道德枷锁。表面上，它可能被包装成“责任感”“牺牲精神”或“爱的表达”，但深层逻辑中，这种单方面的经济投入会悄然瓦解亲密关系的平等性。经济独立与理性消费不仅是个人成长的必修课，更是情感关系可持续发展的核心要素。当一方成为经济上的供养者，不仅会扭曲亲密关系的本质，更会阻碍双方在精神层面的共同进步。

亲密关系的本质是两个独立灵魂的平等对话，当一方持续承担另一方的物质需求时，两个人的关系无意识中很容易形成

“施恩者—受惠者”的互动模式。经济依赖者或许会逐渐失去对生活的主导权，而供养者则可能陷入“付出需要被感恩”的控制欲中。这种失衡最终会导致双方都陷于不健康的感情中——前者困在感恩的牢笼，后者迷失于付出的幻象。

依赖型关系的真正危险，在于它悄然导致思维能力的退化。当经济来源长期依附他人时，大脑会逐渐形成路径依赖：规避职业挑战、放弃深度思考、用情绪化决策代替理性判断。这种“心理寄生”状态，使人丧失对世界的真实感知，将自我价值困在他人评价的牢笼里。亲密关系中的经济独立，本质上是一场对抗人性弱点的自我革命。它不仅要求我们掌握谋生技能，更需要打破“被圈养”的思维惯性，在持续成长中构建坚实的自我价值内核。当个体将经济自主权转化为认知升级的驱动力时，亲密关系便不再是消耗能量的沼泽，而是滋养生命的沃土。

对于经济依赖者而言，破除思维惰性需要按下认知系统的“重启程序”。我们可以从管理个人财务开始，培养自己的“决策肌肉”，逐步参与家庭、团队的重大抉择。通过刻意训练重塑神经突触的连接模式，让大脑从被动接受转向主动创造，就像健身者通过负重训练增强肌肉力量，经济独立者通过持续决策提升认知弹性，最终形成“问题解决型”思维模式。同时，也要注重自身精神世界的开垦：建立书籍、影音、旅行等知识补给系统，形成自己的独立价值判断。当个体成为自己生活的创作者而非模仿者时，便能在亲密关系中保持主体性——既能深情投入，又不会在感情波动时陷入自我怀疑的漩涡。这种稳定的价值内核，恰如古树深扎大地的根系，纵有狂风暴雨亦难撼动其存在根基。

在踏入成熟两性关系之前，年轻男女往往会经历一段漫长的懵懂阶段。这时，我们对爱情与婚姻的憧憬，充满了理想化的色彩，时常脱离现实。处于这一阶段，容易对伴侣产生过度的心理崇拜，并满足于物质上的相互供给。用物质付出替代情感交流，用金钱赠予填补精神空洞，不要让经济支持演变为生活的常态，否则经济依赖者的独立能力便会逐渐退化，供养者也可能会陷入对自我的怀疑中。要时刻提醒自己，不想成为一个供养者，没有人能逼得了你。

“粉圈”文化中，满足往往建立在经济交换的基础上，众多初涉社会的青年不惜重金投资那些看似光鲜却无实际效用的工具。这些投入不仅未能带来现实人际关系的满足，还悄然推迟了他们的婚育进程。在很大程度上，这些工具更多地以偶像衍生品的形式出现，提供情绪价值，具备偶像特质，而其价格远超实际成本。

“粉圈”文化若不加遏制，未成年人和青年群体无疑将首当其冲。当然，也存在一些专注于中老年市场的偶像。在市场经济环境中，供需平衡至关重要。然而，当某一新兴行业过度掠夺特定人群的经济价值时，供需关系便会出现失衡。一旦资金被某一领域大量占用，其他方面的投入便无从谈起。各行业在争夺消费者有限的金钱和时间时，无不竭尽全力，而消费者的心智则是它们竞相争夺的首要目标。建立健康的两性关系需要经验、时机与耐心，而这些偶像衍生品却能在心理上给予年轻人极大的满足，同时也使之成为偶像经济团体的摇钱树。

实现真正的人格独立，首要之务在于经济独立，即拥有持续稳定的个人经济来源，为个体的成长与成熟奠定坚实的物质基础。如此，个人方能逐步摆脱稚嫩，迈向成熟，并在主观层面确立起独立的自我。

反之，若个体在经济上成为某一团体或个人的依附者，无论这种依附是出于信仰、兴趣还是两性关系的束缚，都将严重限制其自由。换言之，一旦个体在经济上被“套牢”，如同身上被插上各种管子的病人，他便会在经济社会中逐渐丧失自由与自主，沦为别人的附庸。

诚然，两个人的结合会受到社会等级和家庭观念的影响，但这些绝非决定性因素。爱情更多是一种感性的体验，而非理性的推导。现代经济社会中，消费主义的盛行让经济条件成了许多人考虑婚姻的首要因素。然而，经济虽然重要，却并非不可或缺。事实上，认知与智商上的差异，往往才是关系破裂的关键。经济因素只是辅助性的，只要双方在经济观念上达成一致，便已足够。

当下，许多人在爱情中陷入了误区，过分强调经济条件的重要性。其实，价值观一致是爱情的基础。在价值观契合的前提下，经济状况自然越优越越好。但若两人价值观相悖，性格不合，仅仅因为经济原因或供养关系而勉强结合，这样的婚姻终究难以长久。

无论贫富，人们都有可能享受到生活的乐趣，关键在于是否背负债务。所谓的债务，既包括经济层面的，也涵盖情感方面的。经济债务往往成为沉重的心理负担，让人难以释怀。在我的“戎震说”视频课中，我时常提醒观众，切勿超出自己的购买能力，通过贷款购买一些消费品，因为心理压力可能会严重损害身心健康。换言之，背负债务会让人寝食难安，长此以往，甚至可能影响到寿命。有时候，为了追求一辆新车或一套闲置的房屋，我们牺牲了生活的整体质量，实在是得不偿失。

在彻底实现经济自由之前，每个人都应珍视手中的每一分钱。养成储蓄的习惯宜早不宜迟，许多人往往等到婚后或育儿之后才意识到储蓄的重要性，但这时已错过积累财富的最佳时机。毕竟，那并非人生中的收入高峰期。当赚钱变得轻而易举时，人们也容易不加节制地消费，有些人也会“很大方”地主动承担起“经济供养者”的角色。为父母买房、替伴侣还贷、帮朋友创业，每一次的经济输出，都在满足自己想打造的人设。

然而，从长远的经济规划来看，实现财富的稳健与自由，在关键时刻对关键领域进行明智投资，无论是金融产品还是自主创业，才是明智之举。一旦探索出全新的盈利模式，且个人精力难以完全满足其发展需求时，便是创立公司的绝佳契机，也即创业的黄金时刻。此时，应基于实际需求，根据业务合理确定公司规模与团队构成，这是一种积极且务实的思维方式。遗憾的是，许多创业者往往本末倒置，先盲目成立公司、组建团队，再寻找盈利模式，或是过分理想化，将未经实践检验的赚钱方案付诸实施，最终难免遭遇失败。

这样的行为往往会导致创业之路的夭折。然而，在当今社会，我们深知，一旦年龄渐长，重新寻找工作的难度将大幅增加。无论个人条件如何，都应未雨绸缪，为可能的未来储备资金。无论是梦想成为企业家、个体经营者，还是投资人，都需要具备一定的资金基础。对于年轻人而言，如果将财富用于维系两性关系中的供养角色，或是盲目追星，甚至是购买各种虚拟产品，都可能削弱年轻时的经济基础，这样的消费习惯终将带来风险。

无论如何，都市小白领们的钱都是有限的。你在面对 35 岁危机的时候，你的焦虑程度取决于你手里有多少钱，是否负债。人在赚钱多的时候应该去想，等没钱赚的时候应该怎么办？而不是认为自己赚钱多的这种趋势会一直持续到 65 岁左右。从这个角度上来讲，在两性关系以及社会活动当中，都不要因为爱情的原因成为别人的供养者。真正的亲密关系从不需要经济供养者的悲情叙事。当两个经济独立、精神丰盈的个体相遇时，物质会成为感情中锦上添花的工具，而非雪中送炭的救赎。理性消费教会我们克制物欲的膨胀，经济独立赋予我们守护真爱的能力，而健康的关系模式终将证明：爱情最美的样子，是两个完整灵魂的并肩前行。

3. 爱别人之前先爱自己，抛弃世俗的“羞耻感”枷锁

在追寻个人幸福的旅途中，我们偶尔会陷入焦虑与不安，这是人之常情。我们时常会对周遭的人萌生爱慕之情，被他们身上的某些闪光点所吸引，心怀敬仰与欣赏。然而，在追求爱情的过程中，我们必须时刻警醒，切勿迷失自我。

在宇宙初启之时，唯孤影自存，直至其终章降临，那便是我们生命旅程的尽头。所有的倾慕之情，皆源自对自我的珍爱。为何我们要向外探寻，在生命体之外、自我之外寻觅爱情？这不过是对自我缺失的一种填补。将好感投射于他人身上，实质上，这是我们想要通过对方来实现自我完善的一个过程。

真正健康的关系从来不是单方面的自我矮化，而是两个独立个体在平等对话中建立的联结。当我们将自我价值寄托于他

人的垂怜时，本质上是放弃了生命的主权。那些在关系中委曲求全的“付出”，不过是戴着讨好面具的自我欺骗——我们真正害怕的不是失去对方，而是直面内心尚未建立完整人格的怯懦。建立健康的互动模式需要勇敢划出边界。这不是冷漠的自我封闭，而是对生命能量的清醒管理。学会在关系中保持适度的抽离，用理性来把握情感的浓度。坦然接受“不被喜欢”的可能性，或许会发现，那些真正与我们同频的人，会在我们专注前行的路上自然相遇。

无论如何，首先要学会自爱。这意味着要尊重自己，遵循“己所不欲，勿施于人”的原则。我们有时不自觉地以己度人，用自己的标准去揣测他人的想法，这种行为的根源在于我们对自己的尊重。由此引申出一点：在他人眼中，他们同样视自己为独一无二的个体，正如你是你的唯一，他也是他的唯一。在权衡个人得失时，许多人会基于利益考量，这无可厚非。

从功利视角审视，彼此感情联结的建立与否，与能否让对方受益相关。利益上毫无交集的双方，几乎不可能形成深厚的友谊。因此，行动应受利他思维的指引。需警惕的是，切勿急于将个人意愿强加于人，而忽视了对方的自由意志。

在城市生活的快节奏中，我们应积极主动地把握每一个机会。须知，那些备受欢迎的异性，每日所经历的感官刺激是极其丰富的。因此，我们必须成为那个勇于率先伸出援手的人，主动创造机会，让他人有机会了解你。切莫一味等待偶然的相遇，或是被动地等待对方的示好，进而因对方的一些微小举动而沾沾自喜。这种行为无疑是十分不明智的。

总之，在爱情的旅途中，我们需秉持自尊自信的态度，也要将尊重他人视为己任。很多时候，我们既是理性的存在，也难免带有动物的本能，但这绝不能成为将他人视为物品、践踏其人格尊严的借口。不少人在成长的过程中，因受到种种不良教育的影响，逐渐形成了金钱万能、权力至上的扭曲观念，还是应当坚持健康正确的价值观。人间始终充满真挚的情感，这一点，我们应当永远坚信不疑。

生命的精彩不在于被他人捧在手心，而在于活出不可替代的独特性。停止在虚幻的剧本里扮演配角，你是自己人生的导演。当我们学会用爱和尊重浇灌自己，终将在时光里长成枝繁叶茂的树，既能为他人遮风挡雨，又始终扎根于自己的土壤。这才是值得追求的生命状态：不卑不亢，从容生长。

4. 结婚了就注定是幸福人生吗？一成不变的代价是什么？

在普遍观念中，家长们往往认为，孩子到了适婚年龄却未婚，便是一种不幸。然而，对于那些身处不幸婚姻中的人应如何应对，却鲜有人提及。不幸的婚姻会引发诸多问题，诸如健康隐患、心理困扰以及经济上的拮据。婚姻并非幸福的保险箱，无人能百分之百保证婚后生活的美满。每个人选择伴侣，实则是在选择人生轨迹，而这条道路一旦选定，便意味着要以青春为代价，去面对可能的不确定性。

有些人仿佛天生为婚姻而生，而有的人则似乎与婚姻无缘。还有一类人，他们在婚姻的旅途中经历漫长岁月，最终却选择分道扬镳。即便是天造地设的一对，也可能面临情感破裂的风险。满怀对婚姻的憧憬，急匆匆地踏入了两性关系的殿堂，却最终在失望与绝望中黯然离场。这种经历带来的经济损失与心灵创伤，难以用言语衡量。

环顾四周，不难发现那些幸福的婚姻都有一个共同点：双方彼此体谅，从不将对方视为情绪的垃圾桶，而是努力做到相互理解、相互关心，时刻换位思考。这样的境界，实属难能可贵。婚姻需要精心经营，此言不虚。

步入婚姻后，个体往往不自觉地延续着婚前的种种习惯，这种变化往往伴随着挑战与痛楚，婚姻实质上就是双方不断调适、共同生活的历程。毕竟，爱情的炽热终有平息之时，而两性关系得以延续的核心在于双方的和谐共处，这既涵盖心理层面的契合，也涉及生理层面的协调。一旦这两方面的和谐失衡，婚姻便可能面临瓦解的危机。

在我长期观察众多携手多年的伴侣后，发现那些婚姻和谐者他们之间存在着一种微妙的动态平衡。一方主动引领，另一方则默契配合，宛如球场上的搭档，你来我往，球始终在可控范围内传递，从未有真正失控的击出。这是一场精心策划的博弈与协作，双方都能精准地把握界限，既保持互动的热情，又尊重彼此的底线，从而构建出一种理想的两性关系模式。

青春逐渐消逝，身体首当其冲迎来诸多变化：体重增加、发量减少、健康状态下滑、肥胖问题显现，在步入中年之后更为显著。当青春不再，彼此卸下面具，面对对方疲惫的容颜时，我们不禁要问，究竟是什么力量在维系着这段关系？

爱情终会由炽热转为平淡，从激情四溢到共度每一个平凡的日子。没有人能够永远占据社交场的中心位置，这或许解释了为何有人频繁更换伴侣，他们享受着新鲜感的刺激，却不愿为长久的关系付出努力。

我诚挚地推荐年轻人阅读卡耐基的《人性的弱点》与《人性的光辉》，这两部作品给予了我巨大的支持与鼓舞。这份鼓舞源自对人性本质的深刻理解，它教会我们如何待人接物、如何看待自我。有些知识，学校不教，家长不言，唯有在书中寻觅答案。我常年将《人性的弱点》置于身边，无论身处何方，都会随身携带，时常翻阅。此外，《孙子兵法》与《君主论》也为我提供了广阔的思维空间。而卡耐基最为宝贵之处在于他教导我们学会换位思考，而非以自我为中心，从个人感受出发。

当关系陷入固化模式时，婚姻中一成不变的隐性代价可能就显露出来了。可以设想一下，那些坚持“稳定至上”的夫妻，或许正在经历着比离婚更残酷的感情消亡。他们的对话被压缩成机械的日常指令："孩子作业签字了吗？""物业费该交了。"连争吵都进化成精准的沉默。当我们把婚姻铸造成保险箱，锁进去的不仅是戒指，还有未被驯化的灵魂碎片。当夫妻用"都结婚了"作为放弃共同成长的赦免令时，他们的认知正以每年2% 的速度萎缩。那个拒绝接触新事物的丈夫，在 AI 重构职场的浪潮中突然失业；那个停止经营社交的妻子，在空巢期来临时只能对满屋回忆失语。稳固的关系外壳下，两颗停止代谢的心正在滋生什么？

所以，真正的幸福婚姻不是寻找"对的人"，而是培养"对的关系模式"。我们应允许双方以不同速度、不同方向成长，定期进行"成长对话"，重新校准共同目标；设计"可控冲突"的程序，来讨论分歧，避免让日常琐碎事务消耗情感；同时，构建情感"向外溢出"系统，比如双方分别参与不同社群活动（丈夫加入读书会，妻子学习插花），再带回新视角来互相分享新鲜信息，也可以每季度完成突破舒适区的事（露营、学习新语言等），刺激多巴胺持续分泌。

无论婚姻的最终走向如何，我们追求幸福的初心始终如一。

至于具体的追求形式，这些都只是后续考量。关键在于我们内心的真实感受，唯有觉得幸福，一切才有意义。

人生应由自我主宰，而非任由他人摆布。若觉得某段婚姻不应成立，切勿因他人意愿而勉强自己。两人相处，形式多样，相爱之人未必非得朝朝暮暮，才能证明深情厚谊。有时，即使分隔两地，即使情感并非对等回馈，也不能抹杀爱情的崇高本质。

最高尚的爱情，应是无条件、无私且富于牺牲精神的，但这绝非毫无原则的盲目奉献，而是一种基于觉知、实际且互动的深厚情感。社会中，人们因各种原因结成各式团体，婚姻家庭只是其中之一，我们的关系网还涵盖了原生家庭。然而，成年人应享有自由选择的权利，无论选择与他人共度还是独自生活，都是其基本人权。选择，即权利。

随着网络的蓬勃发展，我们得以与远方的灵魂建立深厚的友谊，人类的孤独感与物理距离的关系已然淡化。如今，我们能够频繁地通过视频通话与家人相见，回味聚会的录像，甚至在人工智能技术的飞速发展中，与逝去的亲人重逢……这些都是昔日难以想象的场景。

因此，婚姻与否，以何种生活方式及态度面对未来，皆应以个人选择为基石。结婚与否，生育与否，皆可选择。

曾经有哲学家说，“婚姻的真谛，是两个自由灵魂的相互臣服”。这种臣服不是放弃自我，而是以更开放的姿态，邀请对方参与自己的生命进程。恰如量子纠缠态——既紧密相连，又各自独立旋转。白头偕老，不能靠制度捆绑或激情维系，而是通过无数次的“共同进化”，将婚姻锻造成承载个体生命的飞船。

5. 单身或者离异就一定是不幸福吗？

男子适龄应娶，女子适时当嫁，这被传统习俗视为人生旅途中一条自然而然的轨迹。世代交替间，人们步入婚姻的殿堂，繁衍后代，本是人类社会的恒久常态。然而，随着现代城市化进程的加速推进，这一传统观念正悄然被现代生活方式所取代。

现如今，婚姻已不再是人们眼中通往幸福的唯一桥梁。相反，越来越多的人倾向于选择单身，或是在离婚后重新寻觅生活的伴侣。在这个充满多样性的时代，婚姻已不再是衡量一个人终身归宿的唯一标尺。曾经盛行的“嫁鸡随鸡，嫁狗随狗”的传统观念，已难以适应现代社会的飞速发展。

对一部分人来说，养宠物、参与公益活动以及维持积极的朋友圈，固然能为生活增添色彩，但都无法与家庭的温暖相比。

对我而言，拥有后代是一件至关重要的事情。我渴望将自己一身的知识与本领传承给后代，也享受子女陪伴在侧的温馨时光。然而，如果这一切必须以进入或维持婚姻为代价，那么这样的生活似乎就失去了意义。因为我始终将个体的自由放在首位，若失去了自由，被迫陷入不幸的婚姻中，或伴侣并不爱自己，有自己的盘算，这样的婚姻又怎能称之为幸福？

在婚姻中，夫妻本应相互扶持、陪伴，共同面对生活中的困难，如一同前往医院看病，这本是再正常不过的事情。否则，结婚的意义何在？不就是为了在彼此需要时，能成为对方的依靠吗？如果连这一点都无法做到，那么维持表面的婚姻又有何意义？许多人的婚姻，看似完整，实则貌合神离，缺乏实质的联系。双方在情感和心理上都存在隔阂，却都将婚姻的不完美归咎于对方的不努力和不负责任。久而久之，双方都不愿做出改变，婚姻便逐渐走向破裂。

在现在的小区生活圈，人们会邂逅许多平日里素未谋面的邻居。尽管他们与我们近在咫尺，却往往是评价我们最多的陌生人。对于他人的评价，我们又何必过分在意呢？毕竟，这里并非由血缘关系维系的乡村宗族，而只是一个因工作而聚集的居住区域。即便是同住一个小区，也可能各自服务于不同的单位，身边的邻居可能是个体经营者、创业者、企业老板，也可能是普通的打工人，身份各异。在这样的环境下，他人的评价又怎能左右我们的生活呢？

再者，我们的幸福感难道应该由他人的眼光来决定吗？人生应当由我们自己主宰，自己评判，这便是问题的核心所在。当代社会对单身状态的认知已逐渐突破传统婚恋框架，研究显示，单身与幸福感的关联并非线性对立，而是取决于个体如何构建精神自治与生活秩序。

单身状态赋予我们对时间、空间和决策更多的掌控权，这种自主性可转化为深层的心理满足。比如无需协调伴侣日程，可自由安排深夜观影、周末旅行等个性化活动，形成自己的生活规律；个人收入可完全投入对自我的投资（如技能课程、兴趣培养），实现财富增长与消费自由的良性循环；独处时也可通过阅读、冥想等，与自我深度对话，建立稳定的情绪调节机制，减少自身的焦虑情绪。正如存在主义哲学揭示的：幸福并非依存于关系状态，而是根植于主体对生命可能性的开拓深度。

在情感命题中，婚恋状态常被许多人误读为衡量幸福的标尺。那些尚未涉足婚姻的独行者、经历契约解体的破茧者以及处于亲密关系中的共生者，实则共享着同一种生命智慧——将乐观主义淬炼成穿透境遇的棱镜，在各自的人生光谱中析取出幸福的本质。

离异则是亲密关系的现象学还原。当法律契约解除的瞬间，真正的觉醒始于对“失去”的超越性思考。曾经的情感残片在回忆的透镜下显影出惊人的启示：关系的终结不是对价值的消解，而是将人抛回存在本质的绝佳契机。离异者最终理解，真正的亲密从不在他人眼中，而在自我与世界坦诚相对的时刻。

智慧的伴侣懂得为承诺安装弹性阈值，既能在合奏中创造新的和声，又保留独奏的权利。他们在共享的晨光中各自阅读，将争吵转化为认知边界拓展的仪式，让承诺成为不断重生的流动文本。这种关系本质上是对“孤独”最深刻的确认与超越。真正的亲密不是消灭孤独，而是让两个独立星系在引力纠缠中保持自转的优雅。

幸福感的获得不在于我们身处何种情感状态，而是在于我们如何看待当下的生活。单身时能享受独处的自由，把日子过成诗；离婚后能把伤痛变成养分，活出更强大的自己；婚姻里会经营关系，既亲密又保持独立。真正的赢家，关键不在于我们拥有什么，而在于无论身处何种处境，总能找到属于自己的光和热。

远离常住之地，踏上异国之旅，迁居另一座城市，转行换业，乃至拥抱全新的生活方式，对于我这种以自媒体为生的人来说，皆非难事。只要有网络覆盖的地方，便是我生产和生活的舞台。那么，我们穷尽一生所追求的究竟是什么？是那份看似安稳的工作，日复一日地偿还房贷，还是囿于一城一景，直至岁月流逝，健康渐衰，最终在病房中走完一生？究竟何种生活方式才是理想之选？为他人而活就真的是无可争议的正确吗？父母是否注定要为子女倾尽所有？而作为子女，是否非得迎合父母的期望才算正确？这些问题，恐怕并无统一答案。

人生的旅途，既非漫无边际的冗长，亦非转瞬即逝的仓促。情感的绚烂，仅是人生多彩画卷中的一抹亮色，点缀着生命的斑斓。受基因的本能驱动，人们天生便怀揣着繁衍后代的使命，这促使我们在青春的灿烂时光里，追寻着心灵的伴侣，体验着生理与心理的微妙悸动。那些催促我们“必须结婚”的声音，本质是对多元化生命形态的恐惧。然而，这一切只是生命旅途中的一部分，而非全部的真谛。真正的不幸，从不是选择独行，而是活在他人剧本里却误以为是自己的命运。无论是家庭的温暖怀抱、爱情的甜蜜芬芳，还是事业的辉煌成就，它们都是人生道路上的一道道亮丽风景，而非最终的归宿。真正的旅途在于不懈地探索未知，勇于超越自我，实现心灵的成长与蜕变。面对生活的风雨洗礼，唯有坚守内心的坚韧与乐观，方能细细品味每一刻的酸甜苦辣，活出一段属于自己的、精彩纷呈的人生篇章。

6. 如何从婚恋竞技场中脱颖而出？不要等上了竞技场才去抱佛脚

本章深刻剖析了婚姻交友领域的诸多策略，并着重阐述了应坚守的核心价值。然而，无论从何种视角审视，寻觅到合适的伴侣始终是至关重要的。那么，究竟如何才能有效提升寻觅伴侣的成功概率呢？除了先天条件因人而异，个人经验的积累无疑是最为关键的一环。

在学校学习的激烈竞争氛围中，不少人直至步入大学前都未曾涉足恋爱领域，更有甚者，直至大学毕业都未曾与异性有过交往经历。面对这样的现状，我们该如何积累与异性相处的经验呢？是依靠主观臆断，还是依赖他人的牵线搭桥？我始终坚信，一旦一个人走上了相亲之路，恐怕就很难遇到十分优质的伴侣了。毕竟，那些所谓的优质对象往往已被捷足先登，而剩下的，或许在沟通上存在难以逾越的鸿沟，或许从未真正重视过寻找伴侣这件事，难称佳偶。

学生时代的爱情，堪称最为纯洁无瑕、真挚动人的爱情，未掺杂功利成分。当然，这需要排除那些早熟者，他们将金钱与爱情过早地交织在一起。而学生时代少男少女间所萌生的情感，往往真挚无比，令人动容。众多恋爱游戏与爱情电影倾向于将主人公学生时代的纯真爱情作为故事的开端，这背后的原因在于，青春时期的人们，其价值观与世界观尚处于塑造之中。正是这份未完成的成长，让青春的冲动成为他们携手并进的催化剂。

恋爱之旅启程之际，一个不容忽视的真相是：经验的积累，难以替代。唯有亲历过丰富情感的洗礼，方能在真爱翩然而至时，从容不迫地紧握手中，否则真爱如流星划过，或许你还浑然不觉。中华文化素以谦逊为美德，但在今日商业社会的激烈角逐中，唯有怀揣自信与进取之心，方能于纷繁复杂中崭露头角。生存与繁衍，本质上皆为一场无声的竞争。大自然的铁律——优胜劣汰，适者生存，无论你是否愿意面对，终将让位于更年轻、更强者，此乃万物更迭之必然。强者恒强，高者胜矮，众者压寡，这是世间颠扑不破的真理。择偶，亦不乏竞争，甚至可能更为激烈。千百年来，这种竞争驱动着无数人在社会洪流中不懈追求权力、财富与声望，成为激励人心的坚固基石。真正能做到对名利场、红颜劫无动于衷者，实属凤毛麟角。无欲无求，并非真正的超脱。所谓千杯不醉，不过是未曾醉至深处；所谓见色不迷，不过是未曾心动如初。许多人欲望寡淡，往往源于自身条件的束缚，而非内心的真正宁静。

恋爱初期，积极扩展社交领域，广泛结识各类人士，是奠定情感基础的关键。在这纷繁复杂的人际网络中，精准识别并聚焦于那些对你抱有善意与兴趣的人，无疑是明智的策略。有人倾向于不顾一切地追寻心中的挚爱，却往往忽略了自我审视的重要性。那些能够轻易赢得异性青睐的人，通常拥有难以抗拒的魅力。你心中的那个人，或许也正被其他人热烈追求。在如此众多的竞争者中，你未必能够独占鳌头，成功捕获对方的心。因此，盲目地执着追求，可能只会换来一场空。相比之下，在欣赏你、珍视你的人中，寻找一个你也同样心存好感的伴侣，无疑更加理智与可行。

与此同时，通过积累财富、优化外貌与身材管理等途径来提升自我修养，可以强化个人的硬性条件，使你更具魅力，吸引到更高层次的伴侣。然而，我们必须正视一个现实：青春短暂，年轻时常因囊中羞涩而受限，年老时又常被健康问题所困扰。年轻时，我们往往以青春为代价换取金钱；而年老时，或许需要以金钱来延续青春的余晖。我们更需要清醒地认识到：真正的亲密关系应当建立在精神共振的基石之上。体面的物质基础能为感情提供避风港，优雅的外在形象能创造美好的初印象，但若缺乏情感的流动与心灵的对话，任何关系都将沦为精致的空中楼阁。爱情最珍贵的质地，在于两颗心能突破世俗标准的桎梏，在灵魂层面实现平等的对视。当伴侣陷入低谷时，一个理解的拥抱胜过转账记录里的数字；当双方产生分歧时，设身处地的换位思考远比物质补偿更具治愈力。

步入新的恋爱旅程，人性之复杂便显露无遗。初识时，许多人看似随和易处，但在爱情的世界里，由于家庭背景、价值观以及外貌的差异，每个人处理恋爱关系的方式截然不同。这些差异可能成为矛盾的根源，甚至导致持续的冲突。面对这个多元且复杂的社会与人群，我们难以用固定的策略应对多变的恋爱关系。

根据我多年的观察思考，对待不同性格的人，需采取不同的方式。过往的经验无法简单复制，因为每个人都是独一无二的。积累这类经验的唯一途径，便是亲身去经历。当然，这取决于我们是否希望在恋爱中有所收获。

恋爱之路，失败在所难免。即便年岁渐长，经验丰富，也可能遭遇彻底的挫败。然而，这些都不足为惧，因为恋爱本就是一场公平的选择游戏。若无法接受其负面，便无法享受其带来的美好。若要投身恋爱，就必须有心理准备，接受可能受到的心灵伤害及其后续影响。这便是恋爱的代价，但每个人都在这样的过程中成长。想要成熟，就不能畏惧失败，甚至应将其视为成长的必经之路。

无论最终的结果如何，我们都应对过程中的每一步充满信心，因为只有坚定的信念，才会成为我们走到最后的强大支撑。在平淡无奇的日常劳作中，能够找到一位并肩前行的伴侣，无疑是人生中极为珍贵的幸福。爱情的本质，往往并不在于终点的完美无瑕，而在于旅途中那些风景的绚丽与经历的丰富。只要曾经深情地投入爱河，真切地感受过爱的温度，那便足以构成一段悠长而美好的记忆篇章。并非所有的爱情都必须拥有完美的结局，才能被冠以“爱情”之名。毕竟，每个人对于爱情的理解和体验都是独一无二的，无法简单地用统一的标准去衡量。因此，我能给出的唯一建议便是：勇敢前行，不必畏惧失败。

第三章
社 会

（减少无用沟通；人，兼具善与恶）

“

人们总在不断地衡量：是尊重还是轻视周围的人？我们必须时刻铭记一个至关重要的真理：问题的关键不在于我们如何揣测他人，而在于他人如何看待我们。

1. 从“宅”到社会认同的蜕变：i 人的社交小妙招，打破社交壁垒

当前社会，无人不网，无处不网，无时不网，似乎渐渐成为常态。夜幕降临之时，父母常沉迷于手机，直至我以关闭 Wi-Fi 相“威胁”，他们才不舍地进入梦乡。这样的生活状态，在二十年前简直是天方夜谭。父母如今变得如此居家，或许并非坏事。他们二人皆是特立独行之辈，在现实生活中朋友并不算多。然而，他们性格中却蕴含着外向的一面，既能悠然自得地享受独处时光，又能与他人融洽交流。这份特质，与当下的年轻人颇有几分相似。我则介于两者之间，作为一个外向型的人，我既能沉醉于独处的欢愉，亦乐于与亲朋好友共聚一堂，品尝美食，畅谈人生百态。

尽管现今许多人自诩为宅男宅女，但实际上，超过半数的人，诸如我的父母，是主动选择成为这种生活方式的拥趸。他们沉浸于独处的愉悦，偏爱线上交往，在虚拟游戏世界与二次元社群中，找到了更加真实的自我，构筑了所谓的“赛博家庭”。在网络上，我甚至被亲切地称为“赛博义父”，这正是此种生活方式的生动写照。

我常常说，“奉先为何如此啊！”，借用《三国》中的经典台词来提醒诸位，“义父”不过是个玩笑话，不必太过介怀。在网络世界里，我们习惯了以虚拟身份相互打趣，玩梗逗乐，这不仅是一种健康的互动方式，更是互联网精神的体现。若感到不快，便无需勉强维系这种“赛博关系”。正是这样非社会性、非线下的虚拟家庭，给予了许多人社群的温暖，满足了大众的社交与心理需求。

阅读著名心理学家阿德勒的《自卑与超越》后，不难理解自卑感的双重性质。一方面，它表现为消极的形态，促使我们逃避社交，以守护那颗易碎的自尊心，仿佛在说：“只要我远离人群，就能避免他人的否定。”另一方面，自卑感也蕴含着积极的力量，能够转化为推动自我变革的动力，激发内心深处的渴望："我渴望成为更加出色的自己。"无论我们对自卑感持有何种态度，都无法忽视社交行为所激发的社会兴趣的重要性。这种兴趣体现为个人对社会的一种归属感和贡献欲。阿德勒强调，健康的人格需要借助合作与联结来实现自我价值。

众多外向型朋友，也包括我，在社交互动中往往收获积极反馈。这是一种历经岁月沉淀、错综复杂的综合性体验。我们之所以热衷于表达，根源在于自幼发表见解时，未曾遭遇轻视、打击或挑剔。这份源自家庭的温馨，是个人与生俱来的宝贵财富。

尽管常说外向与内向或许受基因影响，但我更倾向于认为，这是个体后天塑造的标志。众多内向的朋友，在交流时往往承载着沉重的负面体验。童年时期被压抑表达欲确实可能对社交能力造成长期影响，对于那些因童年时期家庭环境导致社交恐惧的人，改善的过程需要更多的自我觉察和耐心。每个人都应该有表达自我的权利，每个人的想法和情感都是宝贵而值得被倾听的。虽然过去的经历无法改变，但我们可以一起努力，逐步重建自信和社交能力。

诚然，从性格分类的角度看，内向与外向各有所长，并无优劣之分。我认为，这种差异的根本源头在于心理创伤。众多人的原生家庭中，父母管教过于严苛，批评之声远远盖过了鼓励之词，这往往促使内向型人格的形成。无论个人如何竭尽全力，如何热衷于某事，收获的常常是负面评价。如此环境下成长的人，很难勇敢地阐述自己的观点。可以说，在决定个体性格内向或外向特质的过程中,原生家庭占据了至关重要的地位。

虚构一个终极目标以激发行动，往往能取得显著成效。许多人因此迈出宅家的步伐，与游戏中的伙伴相约线下聚会，这不仅是跳出舒适区的勇敢尝试，更是踏入一个全新熟人社交领域的契机，能有效消融诸多尴尬与隔阂。相较于参加同学聚会时可能遭遇的身份认同与价值感缺失，加入游戏玩家聚会或许更好：共同的话题、价值追求、荣誉感以及共享的美好记忆，构筑起一座桥梁，引领内向者逐步迈向开朗，成为他们性格转变的起点。

基于我的亲身经历，B 站曾为我精心策划了一场线下粉丝见面会。我的众多粉丝中，不乏性格内向者，而这场汇聚了共同话题与爱好的聚会，成为他们突破自我、远赴上海的宝贵契机，对许多人而言，这无疑是一次意义深远的经历。在构思视频内容时，我多次灵光一闪，萌生了将现实中的团体活动，如粉丝聚会、大奖赛等，融入户外场景的想法，旨在鼓励大家拥抱自然，拓宽社交圈。这样的活动不仅能增进友谊，还有机会赢得奖金，节目因此大受欢迎。

从某种层面而言，参与并策划各类线下聚会，可为内向者提供一条打破固有印象、超越自我界限、迈向广阔外界的宝贵路径。在这样的场合中，他们面对的是熟识的面孔，置身于一个充满理解与接纳的温馨环境，得以卸下防备，展现自我。

当前，众多由互联网联结的小社群，其成员间历经长时间的相互陪伴与融合，逐渐孕育出一种强大的向心力，这是传统单位或学校所难以赋予的。人们因共同的兴趣爱好、信仰追求、生活经历，以及对美好生活的共同向往而汇聚一堂，彼此间的关系更像志趣相投的玩伴，而非简单的同事关系。

从蜕变的角度来看，设定一个小目标并逐步迈向社会认同的道路会显得更为顺畅。初始阶段，关键在于实现自我接纳与认知重构。那么，何为自我接纳？首要任务是自我审视并接纳失败可能带来的最坏后果，评估自身是否能承受这一结果。通过记录社交恐惧日记，我们能揭示各种情绪情境。正如卡耐基在《人性的光辉》一书中所言，我们往往幻想出一些场景与情绪，以及非理性的信念，例如认为所有人都会嘲笑自己，然而这种极端情况几乎不会发生。实际上，我们所担忧的内容，超过 90% 是自我意识或幻想强加于自身的负担。

其次，我们可以通过一系列细微的行动，逐步构筑起社交自信。不妨将挑战的难度适当调低，例如，从与陌生人打招呼这一行为，转变为每天向便利店的店员表达谢意。或者，我们可以采取渐进式的思维策略,与新结识的网友从文字交流起步，逐步过渡到语音消息，再进而尝试语音通话或视频通话，直至最终克服心理障碍，实现线下会面。

对于游戏爱好者而言，参与桌游小组是一个不错的选择。克服社交恐惧是一个循序渐进的过程，需要耐心和勇气。不妨从小的社交场合开始尝试，比如和亲近的朋友聊天，或者参加一些小型的聚会。慢慢增加与他人互动的时间和频率，比如每周定期参与一次线下活动，可以让我们逐渐适应社交环境，逐步提升社交能力。再者，学习一些放松技巧也很有帮助。深呼吸、冥想等方法可以缓解紧张情绪。在社交前做些准备，比如提前想好话题，也能增加自信。

最重要的是，要善待自己。不要因为一次不完美的社交经历而自责。每个人都有自己的节奏,慢慢来,相信自己终会进步。

此外，我们还能通过增强正反馈机制来助力成长。每当达成一个社交小目标时，不妨奖励自己，比如购买一本心仪已久的图书，或是解锁一个炫酷的游戏皮肤。将自己从“社交恐惧者”的标签中解放出来，重塑为勇于探索社交领域的冒险者。

在训练场景中，我们不难发现，与熟悉的邻居寒暄天气或探讨国家大事，应该比与陌生人打交道来得更为顺畅。面对陌生人的社交情境，共同的兴趣爱好往往是打开话匣子的钥匙。总体而言，在各种社交场合中，我们应当追求一种安全、健康且自然的状态。不必急于挑战高难度，训练应当循序渐进。需铭记，这并非考试，退一步来讲，我们的性格也并非缺陷。这仅仅是拓宽社交圈的一种尝试，可自由选择参与与否。切勿给自己施加无谓的压力。

当你感受到不舒适的时候，你可以提前结束对话，没有必要为自己的不礼貌行为感觉到任何不适。不要去强化幼年时自己的心理创伤。这些人大多数都是友善的，不会像亲近的人那样，懂得你的痛处在哪。我们甚至可以利用一些新技术，比如虚拟化场景VR[1]社交，使用虚拟的形象来降低自己的焦虑感，同时我们一定要心里清楚，内向性格是有社交优势的。内向性格者更擅长一对一的深度对话，而且通常观察视野也比外向的人更加准确。并不是所有的人都推崇外向社交，比如在芬兰，沉默的文化反而是主流。

常在微信朋友圈中与好友互相点赞，彼此颂扬对方的积极经历。面对镜头恐惧，不妨勇于尝试，参与直播或线下聚会，力求在内向与外向间自如切换，而不必刻意强求。内向绝非缺陷，仅是个人采用的一种策略与方式，且可随社会需求灵活调整。若察觉在改变内向性格的挑战中渐感力不从心，不妨回归初心。要铭记，世间并无真正评判者对我们的行为指手画脚。真实世界非教室亦非学校，无人记录你的分数，评判你的对错。

① VR：Virtual Reality——虚拟现实技术，缩写为VR，其名词最早是由美国VPL Research公司的创建人拉尼尔（Jaron Lanier）于1989年提出的。1990年11月27日，钱学森将虚拟现实翻译为"灵境"，又称灵境技术或虚拟实境，是20世纪发展起来的一项全新的实用技术。

2. 温言在口，大棒在手，永远有两套解决问题的方式

在这个纷繁复杂的世界中，我们时常会遭遇难题，而每个问题往往存在多种解决方案。在处理诸多事务时，解决方案的背后，往往隐藏着不同的抉择路径，这些抉择可能导向截然不同的结果。因此，我们经常需要对同一件事构思多种解决方案。

然而，有时我们的善意与关怀，却可能成为他人攻击我们的借口，所谓的好心也可能办成错事。在某些人眼中，对他人的关心与理解，甚至会被视为软弱，从而导致冲突的发生。当然，强调善良并非否定原则。当面对恶意欺骗或践踏底线时，冷静而坚定的态度不可或缺。就像邻里纠纷中，若沟通无效，借助法律途径维权是必要保障。但“大棒”的存在意义在于警

示，而非滥用。在多数情况下，面对矛盾冲突，双方需广泛收集情报，力求信息量覆盖最大范围。唯有积累足够的信息量，我们才能从中筛选出有价值的内容并加以运用。对对方了解的程度，往往能转化为解决矛盾的高效方法。面对复杂的冲突，唯有保持耐心与冷静，方能在其中立足。因此，我们需时刻铭记“温言在口，大棒在手”这一古老而深刻的道理。

在许多情境下，所谓的盟友也会轻易改变立场，朝秦暮楚，显得极不稳固。而对手更是狡猾多变，难以捉摸，更不可轻信。面对问题时，倘若采取过于温和的策略，可能会导致相反效果，甚至陷入更为棘手的困境。因为在他人看来，你的善意释放，或许只是软弱的象征。

同样，在人际交往中，若明知对方贪得无厌、好逸恶劳，便不能一味迁就。以好人自居，用一套固定的道德标准去衡量所有人，以公平的方式对待一切，自以为问心无愧，实则愚昧至极。

面对复杂冲突，从个人视角审视，我们应意识到，每个人心中都设定了谈判的底线。在解决这类冲突与矛盾时，关键在于精准捕捉这一底线。谈判并非单纯依靠降价或甜言蜜语就能满足对方的心理预期，有效的策略往往是软硬兼施，正面阐述与反向引导并重，使对方能在权衡利弊后做出最有利的选择。人性本就复杂多变，当你一味退让时，对方往往会步步紧逼；但若在退让的同时，巧妙地设置障碍，或是先给予适度的反击再后退，对方通常不会立即追击。这便是人性趋利避害的本质。

在处理公司治理的复杂问题时，尤其是身为高层管理者，我们会发现，一味对员工迁就并不会赢得尊重。人们往往只有在感受到恩威并施时，才会倾向于选择损失较小的方案。每个人都在不断试探，寻找对自己最有利的策略。个体维护自身利益，本是无可厚非的行为。若你一味退让，对方只会步步紧逼。相反，但若我们先采取攻势，对方反而可能被迫接受我们的妥协。很多时候，要让对方接纳我们的建议，我们必须展现出能对其造成影响的实力。这并不意味着真的造成伤害，而是要让对方意识到我们具备这种能力。否则，我们的威胁只会显得空洞无力。

翻阅历史典籍，或许能为我们在日常博弈中增添一份智慧。人生无处不博弈，即便是情侣间，尽管深爱彼此，也难免为自己的利益得失权衡考量，这是人性与世事的真实写照。

在有限范围内，我们或许能构建一个理想的家庭环境，与心灵纯净之人共度时光，孩子也可能成长为同样纯真善良的人。然而，善良之人一旦踏入社会，可能会面临不公与误解，甚至遭遇网络暴力。因为世间价值观多元，每个人的家庭背景各异，塑造了不同个性的人，他们之间的互动复杂多变。即便我们试图创造一个善恶隔绝、纯净无瑕的环境，也无法让孩子无视人间的善恶复杂，独立生存。

与其如此，不如早些将世界的真相展现给孩子，让他们学会应对，增强免疫力。或许我们从未使用过某张牌，但若不将其握在手中，他人便可能打出，对我们造成伤害。

正如有阴必有阳，黑白相依，善恶并存，日夜交替，这些对立面共同构成了世界的常态。若仅强调事物的一面，则必然忽视了其另一面的存在。这个世界既非全然纯真善良，亦非全然尔虞我诈、非黑即白，而是一个黑白交织、灰色地带广泛存在、善恶交替的多元世界。正如“一生二，二生三，三生万物”，事物首先是一个整体，当分化为两极时，便会产生各种不同程度的变化，这些变化共同绘就了世界的斑斓色彩。

人性亦是如此，多数人并非至善至恶，而是善恶交织、相互渗透。因此，我们在行事时，需坚守的原则是保护自身及孩子的心灵不受伤害，同时积极寻求解决人性难题之道。

当然，在日常生活和社会交往中，我们更倾向于用善良的方式来处理矛盾，这不仅源于人性对和谐关系的本能追求，更因为善意本身蕴含着化解冲突的深层智慧。“温言在口，大棒在手”虽源自外交策略，但其内核在人际交往中同样适用——以温和沟通为常态，以底线原则为保障，而前者往往能激发出更持久的情感联结与社会价值。

3. 记住人的姓名与兴趣，是拉近距离的最好方式

曼哈顿街头转角咖啡馆里，患有阿尔兹海默症的老咖啡师路易斯总能准确地叫出每位常客的名字。当被问及记忆秘诀时，他擦拭着虹吸壶微笑地说道：“记住一个人，不是用大脑，而是用心。”我们的思绪、情感与感知，构成了个人世界的核心。那么，要如何在众多面孔中脱颖而出，让另一个人对你留下深刻印象呢？关键在于记住对方的名字。

若记忆力尚有余裕，不妨再进一步，铭记对方的兴趣所在。这不仅是通往对方心灵深处的一扇窗，更是理解其个性的极佳途径。现实生活往往忙碌而紧凑，我们难得有机会与他人深入交流，更别提在快节奏的生活中抽出时间经营友谊。

在与他人有限的互动时光里，如何高效地留下深刻印象

呢？熟记对方的名字，无疑是拉近彼此距离的一个窍门。在交谈中，适时提及对方的名字，不仅能展现你的尊重与关注，还能让对方感受到被重视的温暖。

更进一步，若能记住对方引以为傲的具体事迹，或是对方擅长的技能、感兴趣的事物，并在合适的时机加以提及，这份细心与关注无疑会让对方再添一份好感。记住，当你想在对方心中留下深刻印象时，熟稔其姓名与兴趣，是最巧妙也是最直接的方法。

在人际交往中，需要关注对方的感受及其从我们这里获得的情绪价值。这种情绪价值的供需关系，能深刻影响对方的思想与行动。相较于严厉管教，家长若能持续鼓励孩子，往往能取得更佳效果。因为一旦个体习惯于正面的情绪价值循环，便会对我们产生信赖与信心，其行为也将不自觉地受到我们的影响。这实质上是一种精神引导。设想一下，当某人频繁遭遇负面反馈，而我们成为其唯一的正面反馈源，他自然会格外珍视与我们的关系。在复杂多变的世界里，大多数人往往沉浸于自身问题，鲜少有人愿意投入时间精力，哪怕是表面上的关心，去探究他人的所思所感。

一旦我们洞察并掌握了这种行为动力关系，并展现出理解他人的能力时，便能赢得特定群体的喜爱。政治家发表演说，旨在赢得听众的青睐，他们需在某些议题上与听众产生共鸣，否则演讲将沦为枯燥的说教，无人愿意聆听。演讲的真谛在于取悦现场观众，巧妙地规避敏感问题，淡化听众的主观因素，强化客观因素的影响。

世间颇为滑稽之处在于，众多人士往往不擅长言谈，亦不善倾听。他们固执己见，滔滔不绝地倾诉自身的思绪、情感与见解，全然不顾对方是否心生共鸣。在多数情况下，我们都渴望成为被倾听者，期待从他人那里获得情绪价值，而非自己充当倾听者。这种深层次的精神需求，始终贯穿于人类历史发展进程，无论时代如何变迁，一直存在。

因此，一个有趣的现象应运而生：若能成为一名出色的倾听者，愿意为特定对象投入时间，那么，一旦对方对你产生了依赖，你便在一定程度上掌握了主导权。这种掌控力，可能针对的是个体，也可能是群体。

步入新时代，网络媒体蓬勃发展，众多自媒体从业者应运而生，他们为观众提供了情绪价值，传递出理解与同情。这也是许多自媒体从业者能够迅速走红的关键所在。他们的做法与政治家的演讲有着异曲同工之妙。想要与观众产生共鸣，就要深入了解他们的所思所想，他们的烦恼、兴趣、痛苦以及他们在意的事物。唯有如此，方能真正触动观众的心弦。

反之，若一味地沉浸在自我陶醉中，只顾谈论自己，那么，这将很难赢得他人的青睐。当然，这并不是说，在社交场合中，我们必须完全摒弃自我表达，但显然，纯粹的自我中心主义，也不是人际交往中的明智之举。

判断一个人是否真正拥有智慧，有个方法：观察其是否能理解并团结周围的大多数的人。我们身处一个紧密相连的社会中，无时无刻不在学校、家庭、工作场所乃至整个社会上，与形形色色的人产生交集，时而疏远，时而亲近。鉴于个人无法自给自足，我们仅能掌握生产生活中的某一环节。例如，城市居民无法自给自足食物，亦无法生产所需的药品、衣物等生活必需品。因此，我们必须与社会的其他成员协作、交换。人类赖以生存的根本，正是社会本身。

尽管个人可以对人类社会中的某些现象持保留态度，但不可否认的是，社会运行自有其法则。很多时候，世界的发展并不以个人的意志为转移。面对精神层面的诸多挑战，我们往往需要借助他人的力量。那么，他人为何愿意伸出援手呢？这恐怕取决于我们日常的积累和付出。而他人为何会对我们产生兴趣呢？原因在于我们也同样关注他们。这种相互的关注与互动，形成了良性循环。在人类社会中，各种合力不容忽视，因为我们本身就是这些合力共同作用的结果。

试想，如果没有社会分工与合作，我们或许根本不会来到这个世界。父母的结合只是生命的起点，但也离不开其他社会成员的参与，如接生的医生、产科的护士等。每个人都离不开他人的帮助，也都需要依赖他人的支持。在这个世界上，没有谁能完全自给自足。或许在某个阶段，我们可能认为自己能够满足一些基本生活需求，但完全脱离社会、离群索居显然是不现实的。因为无论是知识、资源还是工具，我们都无法独自拥有。

我们所掌握的一切知识，皆源自社会的其他成员。因此，我们应当善待他们，并视自己为社会不可或缺的一员。个人的财富、权力与声望的增长，与我们在社会中的互动息息相关。学会如何赢得他人的青睐，给人留下深刻印象，让他人喜欢自己，这在现实世界中至关重要。毕竟，人类依赖大自然的馈赠以维持生活，而改造自然的使命则源自人类社会本身。我们无法独自生产出所需的一切，若想过上幸福的生活，离不开他人的帮助。那么，他人会无缘无故地伸出援手吗？财富会从天而降吗？其实，真正的无尽财富在于我们能否给他人留下良好印象。为何他人会对我们产生好感？答案很简单，因为我们用心去理解他们，而其他人往往不愿付出这样的努力。

4. 有时候，仁慈不如凶狠安全

在抉择之际，人们往往会权衡利弊，考量所需付出的成本。在现实的舞台上，我们时常展现出和谐友善的一面，然而，这并不意味着他人会以同样的尊重回馈我们。许多人或许会将我们的和善视为软弱，即便是力量微薄之辈，也可能会伺机占我们便宜，甚至在最紧要的关头背叛我们。正因如此，中国古语有云："慈不带兵。"对于拥有权力的人来说，过度的仁慈往往并非明智之举，它可能带来隐患。

人们总在不断地衡量：是尊重还是轻视周围的人？而决定这一态度的核心，往往在于对方能否带来利益。对于那些手握重资、资源丰厚的人，不会轻易背叛；但对于那些仅拥有善良与谦逊品质的人，我们却往往不会给予过多的尊重，甚至认为即便冒犯了他们，也能得到宽恕，从而肆无忌惮。人性有时便是如此复杂多变。面对善良之人，我们常缺乏耐心，因为我们深知他们报复的可能性极低；而面对那些凶神恶煞的角色，我们有时候不敢轻易冒犯，生怕怠慢，生怕让他们久等。

这正是为何社会中有些人看似难以应付的原因，这其实是一种为人处世的智慧。自然而然地遵循这样的原则，可以为我们省去生活中大部分的麻烦——那就是给人留下一种不易招惹的印象。

表面上看，似乎凭借一种姿态便能轻松应对生活中的各色人等，然而，这样的想法会使我们面临难以突破的困境。面对复杂多变的生活情境，我们需要拥有多元化的智慧，根据对象的不同而采取相应的策略。很多时候，过分坚守某些善良的原则，反而可能陷入更深的泥潭。切勿天真地以为，对他人付出的善意，他人定会以同样的方式回馈。父母与老师时常向我们灌输“好人有好报”的理念，这或许源于他们在社会中处于相对弱势的境遇，否则，他们也许会选择其他职业道路。这并非在贬低教育行业，而是相较于金融等社会“晴雨表”式的行业，教育工作更多地展现出奉献精神。

选择一种利他主义的生存方式，有时容易成为他人竞相追逐的宝贵资源。人们之所以乐于建立友谊，甚至不惜跨越社会阶层以求交往，核心在于我们能否为他们带来专业领域的切实利益。诸如律师、医生、教师等职业，凭借其专业价值，能够跨越社会阶层的界限，实现向上流动的社交。相比之下，普通人往往难以进入精英阶层的社交圈。不少人或许都有过删除保险销售人员联系方式的经历，原因在于他们的言辞缺乏实质性的益处。反观教师、医生、律师等职业人士，他们在我们生活中经常是不可或缺的存在。

在人际交往的迷雾森林里，仁慈常被视为照亮前路的火把，但在某些幽暗的岔路口，过于温暖的光亮反而会暴露行踪，招致危险。这种生存智慧并非对善意的否定，而是提醒我们：无差别的仁慈如同溃堤的洪水，会冲毁精心构筑的互助堤坝；真正可持续的善意，需要具备锋利的棱角。这棱角不是伤害他人的武器，而是划清责任边界的标尺。当个体过度消耗集体资源而不愿承担义务时，群体有权利收回仁慈，这种“凶狠”其实有助于互助精神免于沦为自我消耗的无底洞。

建立良性关系的关键在于培育“善意免疫系统”。瑞典人奉行的“Lagom 法则[1]”值得借鉴：给予时留有三分余力，接受时守住七分清醒。当同事习惯性地推诿工作时，我们柔声说出的“我也需要时间完成分内事务”比默默承受更具有建设性；面对情感勒索时，我们坚定地说“我现在不能答应你”反而能筛选出真正值得珍惜的关系。就像免疫细胞识别入侵病毒，清晰的边界意识能让善意精准投递给值得的人。凶狠的本质并非暴戾，而是守护生命力的必要锋芒。观察非洲草原上的斑马群会发现：最受尊重的首领不是最温顺的，而是既能带领族群找到水草，又敢直面狮吼的。人类社会同样需要这种柔韧相济的智慧。当善意被解读为软弱，适当展露棱角反而能赢得尊重。真正的善意自带锋芒，既能拥抱他人，亦能守护边界。

我的母亲从不轻易挂断陌生来电，无论是保险销售员还是各类推销员，她总能耐心地与他们交谈半小时之久，尽管最终往往不会购买对方的产品。而这些推销员，实则对她的生活并无半分兴趣。无疑，我的母亲是个善良的人。但作

---

① Lagom 法则：是一种瑞典的生活哲学，强调“不多不少刚刚好”，即在生活的各个方面追求平衡和适度。这种哲学鼓励人们在生活中找到一个最自然、最轻松的状态，避免过度或不足。

为家中排行中间的孩子，她格外在意父母对自己的看法。善良成了她向外展示的标签，因为家中的其他孩子已经占据了其他诸如聪明、活泼等标签。于是，她努力在孩子中扮演那个最正确、最有道德、最善良的角色。作为她的儿子，我无疑是这一特质的受益者。然而，有时目睹她因善良而被他人剥夺利益，我却难以抑制内心的愤怒，即便她对此可能浑然不觉。

某些人对善良的执着追求，有时会不经意间让善良的价值大打折扣。善良的心灵不应成为他人肆意剥削的对象。我衷心期盼，每一位心怀慈悲之人都能拥有保护自己的锋芒，因为过度的善良往往滋养了恶意的土壤。许多人热衷于放生，却未曾意识到，无度的放生行为可能会严重扰乱生态平衡，反而导致了更大规模的悲剧性捕杀。你所秉持的善，或许只是基于个人视角的主观认知。我们常因做了好事而渴望得到家长的认可与赞许，进而为了持续获取这份认可，不断重复着善行。然而，这背后的动机与目的，又当如何呢？

当我们将宽容降格为无条件的妥协，实则是消解了其最珍贵的核心——我们自身的善良。智慧为仁慈建立精准的度量体系。它要求既理解行为背后的动机成因，又坚守不可逾越的底线。无差别的宽容如同失去支点的天平，终将导致价值体系的崩塌。真正的仁慈者具备双重认知维度：穿透表象洞察本质的锐利，与守护根本原则的定力。这种平衡不是冷漠的权衡，而是对个人成长规律的敬畏——承认蜕变需要压力，但压力必须控制在临界点之内。在人际互动中，智慧的仁慈同时具备连接与割裂的勇气，是有编织理解的网的能力，也有敢于切断消耗性纠缠的勇气。

5. 保持社交，保持距离，减少你生活中的无用沟通

现代人正陷入一场集体幻觉——将社交数量等同于人脉价值，将沟通频率错认为情感深度。我们疲于应付点赞之交、职场寒暄、亲戚盘问，却在深夜惊觉：真正滋养灵魂的对话已被无效社交榨干。伪社交，是成年人最大的内耗陷阱。职场里 60% 的会议是表演性协作，微信中 80% 的群聊是信息废墟，酒局上摇晃的红酒杯里盛满利益试探。当“改天聚聚”成为永不兑现的社交货币，当朋友圈精修九宫格沦为情感负债，这种虚假繁荣正在吞噬现代人的生命能量。

“人脉至上”的虚伪面纱是时候该撕破了。很多时候，我们必须意识到，不应随意给他人贴上善良或邪恶的标签。因为在这世上，善良是相对的，而邪恶也无绝对。在缺乏明确的

第三方参照的情况下，对一个人进行善恶判断都是片面的。因此，我们应学会保持适度的社交距离，启动社交系统的强制升级，以减少生活中的无效沟通。

观察周围，有没有发现许多人其实与我们的生活并无直接关联，他们只是因利益分配而暂时出现在你的世界里，就像游戏中的 NPC[1]，与你进行互动。你必须时刻铭记自己的核心目标，切莫轻易被他人左右，偏离方向。因为对方可能同样会为了达成其目的，与你进行互动，利用你来完成他们的任务。

这样的观念并非自私，而是基于问题的相关性分析之后的判断。

我们应意识到，多数人对于他人的生活缺乏感知能力。换言之，除非直接相关，否则他人的生活很难引起旁人的兴趣。因此，我们应避免随意占用他人的时间。在交谈中滔滔不绝，无异于窃取他人的宝贵时光，同样，也不应刻意夺取他人的注意力，除非你是专业的广告创作者。

---

① NPC：Non-player character的缩写，为游戏中的非玩家角色，在电子游戏中不受真人玩家操纵，这个概念最早源于单机游戏，后来逐渐被应用到其他游戏领域中。

无论是制作视频、撰写书籍、公开演讲，还是为学生授课，我们都应确保所传达的内容与受众息息相关，符合受众的切身利益，而非强加个人喜好或观点。我们应尽力在双方的共同兴趣点中寻找话题，发表见解时，也应确保与对方有所关联。

这种相关性并非批判，而是要求我们以平等的方式与他人交流。一部分知识分子常犯的一个错误便是自视甚高，认为自己的知识一定优于他人，从而以高人一等的姿态与人对话，这是极其不可取的。因此，我们应更多地采用讨论的方式与他人沟通，更多地关注对方本身，而非自己想说的话。

这一点对很多人来说难以做到，但如果你想成为一名优秀的销售人员，或一位富有的企业家，就必须学会从对方的利益出发进行谈判。

维持适度的社交互动至关重要，同时亦需谨守社交界限。切莫在社交软件上过度倾诉，连绵不绝的信息只会令人反感。更不应无端在群聊中“艾特”[1]别人，或将私密对话公之于朋

① 艾特：字符“@”的音译，根据英语“at”的读音读作“艾特”。在网络中常用“@+昵称”用于提到那个人或者通知那个人。

友圈以博取关注，此类举止皆显稚嫩。你的自得，或许正是对他人无意的冒犯，不经意间便耗散了辛苦建立的人脉网络。

若对人际交往之道缺乏洞见，经济损失便在所难免。不少人秉持产品导向或技术至上的思维，认为只要品质卓越，便能自然吸引顾客，实现财富自由。然而，在我看来，这种想法极为短视。销售、谈判与交易，实则是一场心理博弈。遗憾的是,许多人未能洞悉人性的本质——他人对你的兴趣，往往源于自身需求。喜欢你，不过是因为你符合了我对合作伙伴的某种憧憬。这份情感，源于我的主动，而你则处于被动地位。甚至，有时在婚恋关系中，或许他人对你仅基于一种虚构的想象，无须用你真实存在的个性作为感情支撑。

因此，若未能透彻理解人性，最好与商业领域保持一定距离。对于技术或产品出身的创业者而言，务必在团队中物色一位能力强劲的销售或公关人才。销售的艺术，归根结底是人的艺术。

维持适度的社交距离，从根源上能有效规避诸多纷扰。常言道“熟不拘礼”，却也易生是非。无论是商业纠葛、情感纷扰，还是金钱往来中的麻烦，往往源自熟人间的交往。过度亲密的交往，无异于将自己的全部袒露无遗，这便增加了被利用或伤害的风险。人应适当怀有戒备之心，因为在诸多情境下，他人或因私利而企图加害于你，尤其是当你展露弱点之时。

便利店自动门开合的机械声、手机里未读的红点提示、微信群此起彼伏的振动音……我们的社交焦虑往往不在于匮乏，而是被过量连接挤压出的窒息感。无效社交的持续摄入会扭曲自我认知，就像长期食用调味过重的食物会丧失味觉灵敏度一般，不间断的浅层互动也会钝化我们的情感判断力。那些定期进行“社交斋戒”的人，往往能更敏锐地捕捉到珍贵的情感信号：地铁上高中生分享耳机的相视一笑，早餐铺老夫妻三十年递豆浆的默契。那些擅于制造社交间隙的人，掌握着更高阶的温柔。他们像候鸟懂得调整迁徙阵型，既不被孤独吞噬，也不被群体裹挟。

删除那些消耗型好友，如同清理手机内存；拒绝那些仪式性聚会，好比卸载流氓软件。当我们将社交精力从百个泛泛之交聚焦到五个灵魂挚友，从千条碎片信息提炼出十条认知增量，人际关系的单位价值将实现指数级跃迁。社交场从来不是道德秀场，而是能量竞技场。真正的成熟，是敢于对

99% 的无效社交亮出红牌，把稀缺的时间、精力和真诚，留给那 1% 同频共振的好友。因此，虽无须时刻对他人心存戒备，但务必对潜在的恶意保持警觉，不给任何人伤害我们的机会。真正的社交自由不是逃避人群，而是掌握与人相处的距离和节奏。保持适度的社交距离，方是明智之举。

第四章 资 产

（拒绝超前消费，钱，要合理分配）

个人财富的积累，离不开对每一分钱的精打细算。若对财富缺乏尊重，财富终将离我们而去。

1. 不负债，就对了，为什么建议只办一张信用卡？

数十年前，人们习惯于使用银行存折，定期地将工资收入存入银行卡中，或是选择将其转为定期存款，或是投资于国债。然而，当我们进入市场经济高速发展的时代后，便习惯了依赖信用卡进行预支消费，将其视为一种便捷的金融工具。在日常使用中，信用卡确实能在紧急时刻伸出援手，但其真正的陷阱在于，一旦习惯了分期付款的生活方式，个人的债务负担将迅速累积，压力倍增。如今，我哔哩哔哩网站的朋友们，尤其是年轻群体，普遍持有两三张，甚至四五张高额度的信用卡。在移动支付全面渗透生活的今天，信用卡早已不再是简单的支付工具。它像一面魔镜，既能照见年轻人对美好生活的向往，也会放大消费主义的欲望深渊。建议只保留一张信用卡时，这不是对消费行为的简单限制，而是希望我们在财务自律中培养人生掌控力的成长智慧。

众多年轻人的信用卡额度居高不下，这实则源于长期拖欠分期款项，甚至累积循环利息。若持卡人始终按时足额还款，银行并不会轻易大幅提高其信用额度。实际上，信用卡业务的主要盈利点并非那些微不足道的手续费，而是取用过多现金所产生的高额利息。过多的信用账户就像散落的拼图，让年轻人难以拼凑完整的财务全景。当还款日、账单金额、优惠规则交织成混乱的迷宫，焦虑感会悄然滋生。选择一张信用卡作为唯一的信用支付工具，本质上是主动简化财务系统的战略决策，不仅减少了记账误差的可能，更重要的是培养了“数字断舍离”的思维模式。每月只需关注单一账单的流动变化，让年轻人能够像园丁修剪枝桠般，精准掌握自己的资金脉络，在清晰的财务视界中建立掌控感。

单一信用卡账户如同设立在欲望之河上的水文监测站。每个月的消费数据在固定渠道形成完整曲线，让年轻人能清晰看到“想要”与“需要”的真实比例。这种可视化记录创造了独特的反思空间：当某月餐饮支出突然飙升时，可以回溯是否陷入了情绪性消费；当购物比例异常突出时，需要警惕是否在用物质填补情感空缺。这不禁令人深思：我们真的需要消费清单上的所有物品吗？无论是新款手机、电脑、汽车、电视，还是新购家具、豪华装修，乃至除自住外的第二套住房，我们真的有能力承担这一切吗？

拥有高额度的消费级信用卡，伴随着年费的增长，您将逐渐解锁一系列尊享服务。从五星级酒店及高尔夫球场会员身份，到丰富的健康服务，再到机场的高级候机厅特权，这些附加服务与福利，实则源于我们的年费投入。高端信用卡，无疑为出行带来了诸多便利。然而，这类信用卡门槛极高，往往要求持卡人具备高额的收入纳税证明与稳定的存款基础。此处我们着重讨论的并非此类高端信用卡，而是面向普罗大众乃至无门槛的大学生信用卡。

大学生办信用卡无疑加重了众多家庭的经济负担，部分城市家庭得益于父母稳定的薪资及公职退休金，所面临的压力尚属可控。然而，家庭的现状大相径庭。不少大学生来自农村或县城，家庭贫困，怀揣梦想踏入大城市，内心充满了对新生活的渴望与消费欲望，但尚未步入社会，经济尚未独立，家庭所能提供的，仅仅是学费及有限的生活费。在信用卡办卡机构眼中，这些怀揣梦想却囊中羞涩的大学生，才是真正的“优质用户”。因为相较于为富有的客户办理高端信用卡，这些客户往往对信用记录更为珍视，不会轻易拿自己的征信开玩笑。

大部分我所认识的企业家，每月信用卡还款时，普遍选择全额偿还，鲜少有人通过分期或提升临时额度的方式，超出自身财力范畴进行消费。然而，在大学生群体中，无论家庭经济状况优劣，这种超越自身支付能力的消费行为却变得极为普遍，这在二十年前是难以想象的情景。

在二十年前，移动互联网发展没有现在这么普遍，这么快速。当前的祖孙三代，其间代差鸿沟之深广，远非他国人民轻易所能想象。我们各自置身于迥异的经济体制与时代洪流之中，思想意识无可避免地被打上了深刻的时代烙印。个人的所思、所为、所感，无时无刻不在受周遭人群及当时情境的深刻影响。正因如此，在我们国家，跨代之间的情感共鸣显得尤为稀缺与珍贵。我们的父辈天生便怀有一种更为显著的优越感，他深信自己的感知与见解无可挑剔，而我们则被视为有待教导的一方，这在常理之中似乎无可厚非。然而，步入大学这一人生阶段，情况却悄然发生了转变。我们挣脱了家庭的束缚，首次拥有了自主决策的权利。对于许多人而言，大学之前的生活几乎未曾有机会亲自接触金钱，没有自己的存款账户。信用社会里，良好的征信记录是重要的数字资产。良好的征信记录作为个人财务状况稳定性的体现，在未来的房贷、创业贷款等人生关键时刻会显现出乘数效应。把信用卡视为财务管理的训练场，能培养出受益终生的能力边界意识。设定合理的信用额度就像划定安全的探索半径，我们应在可控范围内学习驾驭消费欲望。当年轻人能游刃有余地使用 30% 的信用额度时，实际上是在锻炼延迟满足的心理肌肉，这种能力会自然迁移到时间管理、职业发展等更广阔的人生领域。

频繁申请新信用卡产生的征信查询记录，反而会成为信用评级的隐形扣分项。信用卡的分期支付方式，会在我们毫无察觉时，让我们背负起巨额债务。通过债务分散，让我们误以为压力减轻。然而，未来的收入预期如何？如何确保职业发展的连续性和稳定性？如何预见并规避未来的不确定性？这一切都无法得到确切的保障，而我们的还款计划却早已被设定。银行、金融机构和信用卡发行商早已利用大数据对我们进行了精准的用户画像。

建立健康的消费观，我们需要完成三重认知突破：首先是破除“占有即幸福”的迷思，理解财富的真正价值在于创造选择自由；其次，我们应正视金钱作为价值交换媒介的中立性；最重要的是培养我们的“财富主体意识”，将自己从被动消费者转化为资源配置的战略家。这种思维升维，能帮助我们在每一次消费决策中听见内心真实需求的声音。

面对算法精心编织的欲望之网，真正的抵抗从不是苦行僧式的自我压抑，而是应培养自己更高级的快乐生产机制。真正的快乐升级始于对快感层级的清醒认知。我们可将快乐体验解构为三个维度：本能层（感官刺激）、成就层（能力突破）、超越层（意义创造）。我们要主动训练大脑形成新的快乐反射弧，并使其持续正向强化。每当产生消费冲动时，立即启动“快乐转化程序”：将购物预算转化为学习时长，把浏览商品的时间置换为技能练习，用物质消费的金额对标知识付费课程。这种认知替代训练能逐步改变神经突触的联结模式，使高阶快乐通路的信号传递效率超越原始欲望回路。当我们学会从知识获取中提取多巴胺，在技能精进中收获内啡肽，物质消费的诱惑力自然消解于无形。这种精神系统的升级，比任何记账软件都更能守护财富堡垒。

将信用卡视作一种明智的金融工具，需基于一个前提条件，即我们的还款能力应与信用额度相匹配，信用额度不应超过我们的偿债能力之上。当前，许多信用卡 APP 都提供了设定限额的功能，这无疑是一项贴心的设计。

譬如，若你的信用额度为 10 万元，但你的实际还款能力仅 2 万元，那么，将额度设定在 2 万元，甚至 1 万元以内，会是一个明智的选择。如此一来，你便能避免过度消费，防止个人陷入沉重的债务泥潭。

试想，若在早期便背负了大量债务，导致收入难以覆盖支出，那么，我们未来可能赚取的所有收入都将用于偿还债务。届时，负债累累，又怎能安心工作呢？

身为已就业的成年人，理应仅持有一张信用卡。倘若手握三四张乃至更多信用卡，过度消费可能会陷入循环的经济困境。因为尽管总体授信额度有所提升，但实际的偿债能力却并未增强。最终，你仍会落入消费陷阱之中。

许多人的收入主要源自主动收入，即上班所得工资，一旦停工便失去收入来源，个人真正的危机在于财务危机，它不仅会带来沉重的心理压力，还可能逐渐演变为健康危机。

若能做到按时且全额还款，信用卡便仅是你手中的一个工具，助你实现良性债务管理。此刻，不妨拿起手机，果断取消多余的信用卡，避免在电话中被销售人员冗长的推销所困扰。只需简单告知他们，目前你无须此卡。保留一张使用最为便捷的信用卡以备不时之需。

务必铭记，除非万不得已，否则尽量不要动用这张信用卡将其与你的活期账户绑定，确保每月能自动扣款，避免因遗忘还款而影响信用记录，导致信用额度受损。当今社会，金融环境瞬息万变，唯有克制与自控，方能稳健前行。

站在人生起点的年轻人，与其在信用消费的迷宫中消耗精力，不如选择更智慧的成长路径。一张信用卡的自我设限，本质上是主动创造有序的财务环境，在简化中修炼掌控力，在节制中培育自由。当理性消费成为习惯，我们收获的不仅是健康的资产负债表，还有驾驭欲望的从容心境。这种对工具的清醒认知和主动掌控，会转化为追求理想生活的底气与力量。

2. 房子是合理的投资吗？30 年的房贷意味着什么？

房子作为投资选择，其实并非理想的资产类别。其涉及的资金规模庞大，而回报却相对有限，通常仅限于居住或出租用途。以北京为例，若投入 500 万元购置房产，其月租金往往难以超过 6000 元，租售比极低。从全球视角审视，租房相较于购房，往往更为明智。然而，为何众多人对房产仍趋之若鹜？原因在于，房产在过往的增值高峰期，确实展现了良好的投资潜力，其价值持续攀升。加之户籍与学区挂钩的影响，许多家庭不惜倾尽“六个钱包”之力购房。但此举的后果，往往是牺牲了家庭未来的消费能力。资金大量沉淀于房产之中，自然削弱了其他消费的可能性。

中国老百姓对于房子的痴迷是逐渐形成的。早年间就有“美国老太太”“中国老太太”的说法。美国老太太贷款买房，住了一辈子房子；中国老太太租房，帮房东还了一辈子房贷。怎么会有人专门去编撰这种低智商的小故事给人去传播呢？因为他想动用别人钱包里的钱罢了。不说美国跟中国的房产税贷款利率收入比例有极大的差异，住房本身的稀缺程度也是一个问题，这两国之间根本就没有所谓的可比性。当一个地方的租售比过高的时候，租房划算；当一个地方租售比小于100、房产税又不高的时候，买房子要合适得多。这几十年在北美有大量的人炒房，看重的就是低首付，加上房屋贷款的金额远远低于租金，那样的话，只要付得起首付，租客按时交钱，那么业主就相当于拥有了更多的资产。但是话说回来，房子仍然是一种不稳定的资产。北美就有很多的占房客，也有些人恶意地不交租金，钻法律的空子，由此酿成了房东的悲剧。

经营经验是解锁更多财富路径的前提。缺乏这一经验，人们的金融思维往往局限于购房、炒股、投资基金和保险，收入来源也单一地依赖工资，难以实现财务上的飞跃。正如《富爸爸穷爸爸》一书的作者罗伯特·清崎所言，个人的收入可分为四个象限——雇员、个体经营者、企业家和投资者，这四个象限之间并非一蹴而就，而是需要逐步跨越。

若将所有的资金都用于偿还贷款，就相当于无形中签订了一份为期 30 年的“劳动契约”。在这漫长的 30 年里，我们必须保持极高的出勤率，甚至不敢换工作或迁居至其他城市。这份“契约”并非由他人强加，而是源于自己未能遵循合理的消费规划。

许多人声称购房是为了孩子的教育，但仔细审视，这真的只是出于对孩子教育的考量吗？对于那些身为个体经营者、依赖网络自媒体谋生，或是已经成熟的企业主来说，迁徙的自由成了触手可及的现实。一旦拥有了这份自由，便会发现，全国各地遍布着形形色色的资源，为商业活动提供了无限可能，人生也因此不再局限于固定的居所和两点一线的生活模式。人生的真谛，恰在于拥有选择的权利。然而，若为了所谓的稳定，将自己束缚于某一特定的选择之上，便等同于失去了自由。而失去自由，无疑会带来深深的痛苦。

若无法全额购房，或职业前景不明朗，购房便可能是一项不明智的经济抉择。若非城市高收入群体，购房或许并非明智之举。

面对医疗需求，可选择医疗资源最优之地；若为子女教育考虑，低分数线省份亦是良选。然而，许多人既追求优质教育，又不愿承受高额债务，实则缺乏偿还能力，无异于提前消费。在自身消费能力范围内理性消费，方显成熟之态。

规划个人经济生活需视资产状况而定。若总资产逾千万，涵盖房产、股票、债券及现金等，北上广深等一线城市将是理想之选。资产超五百万，则一、二线城市亦可安居。若资产仅超两百万，二、三线城市更为适宜。若资产百万左右，三、四线城市生活或更惬意。

我们普遍寄希望于教育能改写命运，视名校为跳板，期望留在大城市，进而跻身大企业，收获高薪，或投身公务员行列，求取稳定收入。然而，这些路径均未跳脱依赖工资偿还贷款的框架。一旦工资成为房贷的主要来源，便是在与未来、健康、公司前景及经济形势进行一场豪赌。

那么，我们是否应该将资金从银行取出？是投入股市，还是购置房产？购房是否应全款？投入股市的资金能否获利？这些问题都引人深思。

相较于将资金悉数投入房市与股市，加大对自身的投资显得更为重要。手握充足的流动资金，其实是拥有了面对失业风险的底气。遗憾的是，许多人在走出大学校门后，便从一而终地坚守着首份工作，鲜少思考何种职业才真正适合自己。

打工期间的技能型劳动与创业之后的管理型劳动，两者间存在本质的区别。在打工阶段，我们可能仅能涉足有限的几个行业；但在求职时，一个人选择范围却会宽泛许多。因为在求职过程中，一个人通常仅需负责某个具体岗位的工作。然而，若决定投身创业，就必须全面掌握该行业的整体运作流程及盈利模式——这恰恰是许多人难以做到的。

人与人之间的真正鸿沟在于财富增值的智慧。有的人往往缺乏利用现有财富创造更多财富的能力,而有的人则深谙此道。人生的重大转折点，往往体现在购房决策上。举例子：对于依赖工资收入的人而言，其一生的财富积累大致在100万至400万之间，这在北京、上海、广州、深圳等一线城市，可能仅够支付半套房产的首付。但若将之投资到某个实业项目，所产生的被动收入可能超乎想象。

若将这笔资金投入股市，无异于以小博大，风险极高。因此，明智的财富投资方向并非房产或股市。相反，利用现有资金中的一小部分，成为个体经营者或小型企业主，从小额资产经营起步，逐步扩大规模，才是更为稳妥的选择。或许，初涉商界时，我们并不清楚如何运营牙科诊所，但宠物寄养、盲人按摩店、自习室补课中心、考研考公辅导班、出国留学移民中介等都是值得考虑的选择。这些行业经营管理模式的学习成本相对较低，有助于为我们开启财富增值的新篇章。

所谓的创业，本质上就是从打工者向企业家的转变，这一转变无疑伴随着痛苦与认知的全面提升。然而，在这一过程中，家庭可能会形成一种阻力，试图将我们拉回原点。这是因为我们的父辈生活在一个只要劳动便值得尊敬的时代，但如今，企业大多由个人所有，仅有少数幸运儿能进入国企或央企，大部分人则需在民营企业或外企中谋求发展。当我们向雇主透露自己背负着巨额房贷时，可能便失去了对未来薪资与福利的谈判筹码。

因此，我们应该克制购房与换车的冲动，将这部分资金投入生产中。例如，若手头有 100 万购房款，不妨先拿出 10%，即 10 万元，在城中村选择一块合适的土地进行投资。在网上发布招聘信息，筛选出技能优秀的员工。这样，我们不仅完成了个人资本的原始积累，还为社会创造了工作机会，并增加了税收。这是一场惠及个人、企业与社会的共赢游戏，何乐而不为呢？当更多人蜕变为企业家，跻身中层乃至上层，他们将为社会提供更多的就业岗位和税收来源，形成一个健康、良性的经济循环。相较于将人束缚于消费或房贷的枷锁之中，成为企业家无疑是一个更为理想的选择。当然，并非人人都能成为企业家，但如果不尝试，又怎能知晓结果呢？相较于购买数百万元的房产、草率投资股市或为了面子而挥霍资金购买豪车，尝试成为企业家的试错成本显然更低。

将房产数量单纯视为衡量资产的标尺，实属荒谬之举。特别是在二线到五线城市，购房者极易陷入房产价值难抵原始购房成本的窘境。一旦决定转手，降价出售往往是必经之路；若选择出租，租金收益之微薄，更让资产在无形中持续贬值。此类投资行为，显然欠缺理性考量。

具体哪个市场值得投资，需依据实时局势灵活判断，并非所有市场都能稳操胜券。总体而言，房产正从暴利时代步入精耕细作阶段，已非理想的投资选项，因为连街坊邻里的大妈都热衷于购房。如今，分时度假房产的买家众多，当知识水平相对较低的群体普遍推崇某种行为时，我们应能敏锐地洞察其中的利弊得失。那些编造故事、提前离场的人，早在 2017 年便抛售了房产，而非 2018 年或 2019 年。每年都会有新兴的风口行业涌现，这些行业瞬息万变，没有哪个领域或投资方式能永远确保安全。而哪个行业值得投资，则需要穿透市场泡沫审视底层逻辑。具备这种能力的人往往凤毛麟角，在某个市场中，多数人面临亏损，仅少数人能够获利。唯有不断学习、交流、收集并分析信息，方能做出正确判断。

3. 小型资产、风险投资、房产投资，在亿万富翁财产中所占的比例？

胡润百富榜曾开展了一项引人深思的调查，旨在探究中国亿万富豪家庭财富的来源。具体而言，它分析了这些家庭是如何通过房地产投资、股票投资，以及企业经营等路径累积起巨额财富的。这一比例分布颇具启发性，有助于深入剖析亿万富翁的财富构成。多数富豪仍重仓持有主业股权，再拿出约 20% 的资金聚焦半导体、生物医药、碳中和等领域进行风险投资，其余小部分财富流入房地产和像艺术品、数字资产类的小型资产投资领域。股票领域，多数投资者的初衷在于快速获利，而非单纯通过交易盈利。换言之，散户中鲜有能成为“大牛”。至于房产获利，则需排除开发商炒房团及那些本就坐拥巨额资产的人士。

经营企业是众多人士获取财富的首选途径。假如你精通餐饮行业，通过精心打造一个富有吸引力的品牌，进而拓展众多直营店与加盟店，你的财富将如滚雪球般迅速累积。又或，你是一位IT创业者，你的网站或APP有幸吸引了大量投资，历经多轮融资直至成功上市,这同样是一条通往迅速致富的大道。

有人说，大富大贵往往取决于命运。我们的职业道路与所能达到的高度，往往受限于我们的先天禀赋、所选择的行业以及原生家庭背景。一个人难以赚取超出其认知范畴的财富，但鲜少有人意识到，这副禁锢命运的认知镣铐，其钥匙始终握在自己的掌心。每天用2小时深度学习置换短视频娱乐，每年用300小时专项训练替代碎片化消遣，这些微小的选择在五年后会产生巨大的收益。认知提升不是知识囤积，而是将思维炼化成可切割现实钻石的激光束，当我们持续用行动锻造认知的刀刃，财富的磐石终将被精准剖开。

涉足风险投资的个体,需长期对市场波动保持敏锐洞察力，除非其采用的是长线价值投资策略。获取高薪的前提，往往是个人劳动时间的付出。但真正拉开职场差距的，并非单纯的时间堆积，而是将时间转化为“价值杠杆”的智慧。初入职场时，时间投入是突破能力边界的必经之路，职业能力的原始积累往往需要集中突破——在项目攻坚中打磨核心技能，在跨部门协作中拓展视野，在行业研究中构建系统性认知。但若将这种状态固化为常态，便容易陷入低效循环。真正的职场跃迁，在于用短期的高强度投入换取长期的价值复利，用精准的精力分配撬动指数级成长。

职场规划的本质，是构建“时间—价值”的转化模型。第一步需明确“时间投资方向”，将个人发展坐标系锚定于三个维度，即技能升级、资源整合、战略聚焦。我们可以行业前沿需求为靶心，每年聚焦 1 ~ 2 项可迁移的硬核能力（如数据分析、战略设计、资源整合），通过刻意训练将硬核能力努力锻造为“能力尖刀”。再将工作时间延伸为资源网络搭建场域，主动接触关键决策链、积累跨领域认知模型。我们还需要每 18 ~ 24 个月重新校准职业定位，分析市场需求变化曲线，确保能力组合始终领先市场定价，哪怕半步。

高薪的终极密码，在于将时间转化为“不可替代性资产”。这需要建立三层防御体系——技术护城河、系统构建力、认知势能差。我们需要在垂直领域做到前 10% 的专家水准，使专业判断具备市场定价权，建立自身的技术壁垒。再将自身从执行者进化为规则设计者，从而通过流程优化、资源配置或组织创新为企业创造出超额价值。我们还要持续吸收跨学科思维模型，形成预判趋势的“职业雷达”，确保自身在变化发生前完成能力提升。当我们用战略思维重新定义“付出”——时间便不再是单向消耗的资源。每一次深夜的钻研、每一次突破舒适区的挑战、每一次主动创造的额外价值，都在为未来的薪酬飞跃积蓄势能。请记住：高薪不是用时间交换的结果，而是在正确方向上持续进化的自然奖赏。当我们的成长速度超越行业均值，市场终将以更丰厚的回报，为这份远见与坚持加冕。

当我们拥有一家企业后，历经岁月的磨砺，逐渐摸索出了一套契合自身发展的经营模式：招募了充足的人才，实施了高效的管理优化措施，构建了一个完善的运营体系。顶尖的企业，即便投资者或管理者缺席，无须每日亲自监督，也能维持稳健的运转。因此，身为企业的领航者，首要之务便是从日常运营的劳动中抽离出来。若你拥有一间修车房，是倾注心血于每一辆待修的车辆上，还是选择聘请经验丰富的汽修师傅来胜任这项工作？你不仅是管理者，还是企业家与投资人，更是劳动的组织者。你的核心职责在于合理分配劳动资源、财富与时间。遗憾的是，许多人的思维仍停留在20世纪初，对资本市场与资本持陌生且敌视的态度，却未曾意识到它们是现代经济不可或缺的组成部分。无论是街角的理发店，还是繁华的电影院，背后大都有控股者、管理者与投资人的身影。对大多数人而言，拥有财富的机会在于努力成为企业家。只要运气与能力皆处于正常水平，且身心健康，通过创业之路积累大量财富便有可能。拥有财富并非羞耻之事，反而能创造更多的就业机会。总而言之，累积了更多的财富时，是选择将其用于满足个人的私欲进行消费，还是积极履行纳税义务与回馈社会？这实则与财富的数量并无直接关联，而是深深植根于我们的个人道德水准之中。

4. 什么是消费品，什么又是生产力工具？

消费品，即我们日常生活中为满足生活与娱乐需求所购买的物品，涵盖了衣物、鞋履、食品、自行车、汽车、手机、箱包、化妆品、游戏机等诸多品类。然而，许多看似重要的消费品，尤其是奢侈品，实则并非生活生产之必需品，更多地与人类的虚荣心紧密相连。人们总渴望拥有更多，却往往忽略了生命的有限性，将有限的生命投入到无限的欲望追求中，显然是得不偿失的选择。

许多奢侈品自购买之日起，其价值便开始不断贬值。同样，受摩尔定律影响，电子产品在发布后的很长一段时间内，其性能与价格也会大幅下降。这些物品带来的，往往只是一时的感官刺激，而在经济上，当你试图出售它们时，会发现其价值已远低于购买时的价格，贬值带来的损失只能由自己承担。

汽车是如此，房产亦是如此。在房价下跌时，购买房产不仅占用了大量消费能力，还可能面临资产缩水的风险。

生产力工具则呈现出截然不同的特性。对于众多依赖创作谋生的自媒体从业者而言，他们购置灯光、摄像机及剪辑设备等，旨在提升单位时间内的收益。同样，众多自雇型创业者、个体经营者，在购买生产工具时，这些支出不应被简单视为消费，因为这些工具能持续不断地为其带来循环性收入。值得注意的是，生产力工具的消耗速度往往较快。因此，当大量投资于如打印机、摄像机、照相机等个人生产力工具时，这样的消费行为在本质上具有合理性。简而言之，未来的收益足以弥补初期的投入成本。在当今互联网高速发展的时代，拥有高性能的生产力工具，意味着时间的极大节省，从而在单位时间内获得更高的收益。这是一种遵循经济规律的选择。

众多居民的日常消费中，有很大一部分并不直接关联基础生存需求，尤其是那些与个人爱好相关的开支，诸如模型收藏、钓鱼装备、公路车及赛车改装等。这类消费不仅占据了大量消费能力，还消耗了可观的金钱资源，占据了个人资产的一定比例，甚至还会伴随有心理负担。

当个人消费由家庭其他成员承担时，如配偶或父母的资金支持，或许难以深刻体会到这种负担。然而，一旦个体独立承担起家庭的经济责任，再为个人爱好投入大量资金就显得尤为奢侈。因此，许多中年家庭支柱往往不敢有过于昂贵的个人爱好。

反过来思考，这些爱好真的是生活所必需吗？是否可以通过更经济、不花费金钱的方式替代？这些爱好本身是否具有盈利的逻辑？是否真的需要那么多专业工具才能享受钓鱼的乐趣？或者参与赛车比赛非得拥有那么多装备不可？除非你是职业赛车手，否则答案很可能是否定的。

创造企业价值离不开充足的资金支持，而要维持企业的生产活动，则需不断拓展空间以容纳生产力工具。遗憾的是，许多初创企业在成立之初，未能妥善平衡消费品与生产力工具的比例，往往过度投资于装饰品和休闲用品，只需踏入这些企业的门槛，便能大致预知其未来的生存概率。

对于资金有限的创业者而言，若再肆意挥霍，企业的衰败便指日可待。这实则是一个资金分配优先级的问题。在资金匮乏时，更应精打细算，将有限资金投入关键领域，而非个人爱好、兴趣或无法带来持续性收入的消费品。

当企业具备承担正常经济循环的能力时，部分成本或许可忽略不计。例如，为延长员工在企业的工作时间，提供舒适的休息环境和充足的食物至关重要。大企业常通过提供晚间餐食、报销交通费用等方式，吸引员工加班，这是对员工工作投入的一种投资。然而，初创企业若盲目模仿大企业的做法，显然不合时宜。

个人财富的积累，离不开对每一分钱的精打细算。若对财富缺乏尊重，财富终将给予应有的惩罚，离我们而去。

财富的深层逻辑，实则是个人价值体系与资源驾驭能力的镜像投射——它考验的不仅是数字管理技巧，更是对生命能量的战略布局。真正的财富觉醒者，懂得在“绝对理性”与“弹性智慧”间找到动态平衡：对日常开支的严苛管控，是为了在关键决策点拥有自主选择的资本；对物质享受的克制，是为了将更多能量注入精神世界的扩容。真正的财务自由，不在于账户数字的绝对值，而在于建立“消费—储蓄—投资”的黄金三角模型，让每一分钱都在不同维度创造复利效应，同时在消费品与生产力工具之间找到黄金分割点。优秀创业者从不在消费与生产间做静态取舍，而是通过“生产工具创造消费资本，消费升级反哺工具迭代”来增强资本回路，实现资源不断增值。这种平衡的本质，是让每一分钱同时承担“燃料”与“发动机”的双重角色。

5. 不借钱、不欠钱，不和消耗你的人有金钱往来

钱包，这个看似平平无奇的小物件，实则承载着现代人最激烈的内心戏。有人把它当作阿拉丁神灯，整天摩擦期待从中蹦出金元宝；有人视作“薛定谔的盒子”，打开前永远不知道余额是多是少。真正的人生赢家，早就在钱包上刻上了三句箴言：“理性消费是防弹衣，人际交往要装雷达，努力搬砖才能建造金字塔。”

每个月发工资的那天，许多年轻人都会短暂进化为“金钱的巨人”——看什么都觉得便宜，购物车塞得比春运火车还满。但等到月末啃泡面时，才惊觉自己已经熟练习得了“月光族的自我修养”。理性消费，本质上是在物欲横流的时代练习“财务瑜伽”：既要伸展四肢触碰美好生活，又要核心

收紧防止闪了腰。

所谓理性，就是需要我们学会在“我想要”和“我需要”之间架起安检门。当最新款手机带着跑马灯特效诱惑你时，请在心里默默问自己：“它能让我涨工资吗？能替我写周报吗？能帮我在相亲市场涨价吗？”如果答案都是否定的，恭喜你，成功拦截了一次钱包的暴动。记住，真正的精致不是靠 LOGO 堆砌，而是让每分钱都花出“投资回报率”——买书至少得翻三页，办健身卡至少要洗三次澡。

而应对“打折”等一系列连环营销组合拳，更要拿出鉴宝专家的犀利和睿智。全场五折？那等于让你多买一倍不需要的东西；限时特惠？分明是商家怕你睡一觉恢复理智。最高境界是练就“价格敏感型人格”：看到标价先自动换算成工时——“这件外套等于我加班三天的工资，它值得我加班到凌晨两点吗？”

成年人的社交圈，总有几个常年处于“资金周转困难”的奇人。他们加微信第一句话是“在吗”，第二句是“能借我五百应个急吗”，等收到转账后立刻变身人间蒸发器。这类人际关系堪称“金钱黑洞”，吞噬的不仅是我们的钞票，还有对友谊与人性的珍视。

努力工作的意义，不在于给老板换辆玛莎拉蒂，而是给自己攒够“说不”的底气。当你有能力用存款利息覆盖健身房年卡时，才会有底气在团建酒局上优雅拒绝：“抱歉，我的肝今晚要参加线上马拉松。”真正的财富积累更是像腌咸菜——得耐着性子等时间入味。与其幻想突然继承远方姑妈的城堡，不如现在开始给每笔消费贴标签：这杯奶茶钱存下来，三十年后就是养老院的自动按摩床；这顿火锅钱省下来，未来能兑换成孙子的奥数补习班。所以下次看到“精致穷”青年在星巴克拍咖啡配 Kindle 电子阅读器，请保持微笑。毕竟，真正的财气是种由内而外的松弛感——钱包可以不鼓，但心里永远有座金库；账户可以没余额，但人生绝不能透支。

欠债相比于借钱，其可怕之处在于它悄然改变了我们的消费观念。一旦陷入债务泥潭，即便表面上看似若无其事，生活依旧运转，但内心深处却已悄然变化。我们开始认为，无论消费多少，总有他人为我们买单；无论负债几何，只要厚着脸皮，便可逃避偿还。久而久之，我们失去了对金钱的正确认知，不清楚自己应该拥有多少财富，不清楚何时应停止消费，更不清楚应如何合理投资于生产与建设。

拥有众多愿意借钱的朋友，看似是幸事，实则暗藏危机。许多创业者在家庭的支持下盲目冒险，一旦失败，便由父母承担后果；或是欠下巨额债务，却让他人代为偿还。每一次的援手，都可能将他们推向更深的困境。爱子心切，需为之计深远。从财富满溢到一贫如洗，往往只在须臾之间。我们应当为自己的行为负责，为家人的幸福担当。

习惯于欠债的人，往往难以认清自己的真实消费水平。拥有二十万时，应思考如何赚取两三万的小本生意；手握百万时，可尝试十万、二十万的投资项目。然而，若总是依赖借贷，便会高估自己的消费能力，最终陷入无法自拔的境地。而超越了自己的消费投资能力的人，通常也赚不到下一阶段的钱。

在追求财富的征途中，务必警惕那些潜在的能量吸血鬼。有些人表面上以鼓励之名接近我们，实则意在操控。他们将我们捧上云端，极尽赞美之词，让我们的自尊心得到极大的满足。然而，这不过是他们觊觎我们财富的前奏，因为在这个世界上，不存在真正无欲无求之人，每个人心中都有所求。

即便是至亲如父母，亦有其期望与回报。

在企业运营中，一个常见现象是：随着企业规模的扩大，真正投入工作的员工数量却可能减少，而擅长阿谀奉承者往往得以晋升。这些人通过提供情绪价值、满足老板的自尊需求、绝对服从老板的命令，可能采取故意复杂化工作流程、降低生产效率等手段，无所不用其极。因此，企业领导者需具备洞察力，识别这类员工。

企业人数的增减如同波浪起伏，经历波峰波谷，正如“三个和尚没水吃”的寓言所揭示的，团队协作中的责任推诿问题不容忽视。在这个纷繁复杂的世界里，大多数人可能只会消耗资源、带来损失，真正对我们有益的人寥寥无几。而那些能在关键时刻伸出援手的人，无疑是你的贵人，值得倍加珍惜。

理解并践行公正原则是至关重要的。我无须成为每个人的挚友，身为领导者，我需兼具开明与威严。《君主论》中所揭示的治国智慧，对企业管理亦有其共通之处。慧眼识才，将合适的人置于恰当的位置，以确保公司的顺畅运作，尤其在资金充裕、权力渐增之时，警惕骄傲自满的情绪尤为必要。

勿将企业的成长全然归功于个人，其真正的动力源自健康的组织架构与众多关键人物的共同努力。

此时,要培养敏锐的洞察力,辨别哪些人对企业发展有益,哪些人可能阻碍其前行。在真话渐稀的环境中，构建一套明智的用人机制尤为关键：让助力企业的人感到舒适，而让那些消耗资源、阻碍发展的人离开。这虽难，却是企业成长的必经之路。因此，初创期盈利后，团队往往面临重组。当所有初创成员离去，企业的命运便不再牵动人心，仅成为一份工作而已。

在人这一生的匆匆旅途中,多数人均是擦肩而过的过客。即便是至亲如父母，亦有其生命的限度，无法陪伴我们至永恒。子女们在羽翼渐丰后，亦会怀揣各自的梦想与追求踏上自己的人生征途。人生之旅，首要之事便是自我担当，身为父母，我们更应树立正确的财富观，避免束缚子女的青春步伐，让他们自由翱翔。

创业维艰，许多人历经艰辛，终获财富满满。然而，在这段旅程中，真正能给予实质性帮助的人少之又少，多数情况下，反而是消耗与负担。身为企业家，需要巧妙布局，以平衡各核心岗位人员的权力。他们需秉持公正与仁爱，同时确保命令畅通无阻。他们既需赢得拥戴，亦需保持威严，令人敬畏。故而，他们必须具备刚柔并济的能力。

服务和回馈的对象，往往并非那些与我们直接相关的人。那些我们未曾建立友谊、未曾深入了解的群体，有时候蕴藏着意想不到的宝藏。无心的善行，或许会成为未来庇护你的盾牌。你应当利用赚得的财富行善，不论动机是什么，你都应意识到，更多的财富意味着更大责任。

相较于身边那些消耗我们的人——那些把“借点钱”说得像“借支笔”那般轻松的旧相识，那些将我们的慷慨视为“义务提款机”的老同学——真正的慈悲需要更冷峻的智慧：与其被道德绑架式地掏空口袋，不如将善意投向更辽阔的荒原。

无论如何，你都应关注公益事业的发展。更深层的价值在于，公益事业重塑了财富的意义坐标系。我们购置豪宅豪车带来的快感遵循着边际效应递减的规律，但从事公益事业无论是资助失学儿童时看到他们眼中的光亮还是拯救濒危物种时的使命感，却能激活人类基因里深藏的“群体共生本能”，当财富与更宏大的生命叙事产生联结，个体存在的价值便不再困于银行账户的数字增减，而是化为推动文明进程的具体刻度——这或许就是为何顶级富豪最终多转向慈善。因为唯有如此，才能让金钱挣脱世俗的计量单位，获得精神层面的满足。

培养良好的社会习惯至关重要，同时，也应警惕家庭内部，如父母子女、夫妻间消费习惯的骤然变化。众多因意外之财暴富的家庭，尤其是拆迁户和彩票中奖者，往往在短短数年内重返贫困。这一现象背后的原因，正是本节所要探讨的要点。总之，我们应深思熟虑自己的人生道路，设法规避途中的陷阱。要知道，跨越阶层、积累财富绝非易事，务必倍加珍惜。

第五章 职场

（积极提升自我，人，要终身学习）

“万丈高楼平地起，愿各位在未来的道路上大展宏图，一帆风顺。出身寒微，不是耻辱。能屈能伸，方为丈夫。

1. 不做职场讨好型人格，学会课题分离

阿德勒心理学指出，人的所有烦恼根源于人际关系，关键在于明确区分自我责任与他人事务，这构成了课题分离的核心要义。

步入职场之初，我们往往怀揣着在新公司留下良好第一印象的愿景，因而行事积极主动，态度谦逊而不失自尊。然而，这种性格特质却容易成为他人利用的软肋，正所谓“人善被人欺”，此言不虚。

在构建自尊心的过程中，个体应避免走向极端，既不可过分逞强，亦不可过度畏惧，应当循序渐进地确立一个自我可承受的界限。一旦逾越此界限，便是对个人尊严的践踏。精准辨识他人行为背后的意图至关重要，区分其是在冒犯你还是在传

授经验。毕竟，世间不乏自恋型人格者，他们时常会根据我们的反应来对待，通过观察我们的性格与反应模式，寻找最有效的应对策略。这一切的根源并非在于我们，而是他们基于对我们认知所采取的行动。

有些人对我们的成长漠不关心，尤其是那些与我们无直接利益关联的大多数人。在企业环境中，我们不过是履行着自己的工作职责罢了。许多人往往假借促进成长的名义，实则企图规劝甚至教训我们。他们高举着为我们好的幌子，背后却是在操控我们、压制我们，这是必须警惕的对象。

很多时候，我们不得不承认，那些良师益友确实怀揣着传授知识的热忱。此时，若自尊心过于强烈，反而会成为沟通的障碍。为了准确判断对方究竟是出于善意还是别有用心，我们需要深入理解他们的处世之道与价值观。正所谓实践是检验真理的唯一标准，时间也终将揭示人心的善恶。

保持谦虚谨慎的态度无疑是明智之举，关键在于如何展现出这种姿态。我们无须字字句句都严格遵从他人的意见去行动，更无须将所有事务都追求尽善尽美。出于善意而越权行事，替他人完成其分内工作，往往会适得其反。成为无原则的“老好人”，一味讨好周围人，并非明智之举。首要之务是确立明确的界限，无论年龄、性别如何，每个人都应获得应有的尊重。尊重是交往的基础，然而遗憾的是，许多人眼中只有上下级关系和利益纠葛，却忽视了对陌生人基本人格的尊重。这种缺失是极其可怕的，因此，在工作中，我们应尽量避开这样的人。

课题分离是自我防护的坚实盾牌，让我们得以远离为他人错误承担后果的困境。记住，无论情境如何，每个人始终都是独立的个体，无须为他人的行为负责。专注于做好自己的本职工作，毕竟，你们各自独立，互不相干。

2. 一个人一辈子努力的上限是 100 万 ~ 400 万

在我早期发布的视频中，我曾频繁探讨规避背负房贷与车贷的缘由。房地产市场的光景早已不复往昔房价飙升的黄金十年。最近，房价走势持续低迷。你或许要历经重重艰难才贷款购得一处房产，但数年后，其价格或许已远低于你的购入价。

该趋势目前依旧势不可挡，关于其终止的时点，各界观点不一。尤为重要的是，即便具备购房条件，将购房视为一种理性的投资目的亦非明智之举，因为房产盈利的途径有限，或许只能通过出租以获取租金收益。

简而言之，在我国，租房相较于购房往往更具经济性。然而，现实问题是，许多地区的中小学与幼儿园入学资格均与房产挂钩。此外，婚姻市场上，房产也常被视为一项重要考量因素。因此，购房成了许多人的刚性需求。但值得注意的是，若将家庭全部财富都投入到房产中，你这一生的经济活力就会被限制住了，特别是在你刚开始工作的几年。如果我们计算一个人的劳动黄金年龄，22 岁大学毕业的话，到 35 岁遇到年龄危机的时候，一共只工作了 13 个年头（如果我们把所有的行业都放在一起求一个平均数的话）。

一个人终其一生奋斗的结果，往往只能积累起 100 万至 400 万的财富，而这个数额恰好与中国各大中小城市的房价相契合。换言之，人们耗尽心力所追求的，或许只是退休时还清房贷的那一刻。然而，这样的生活状态真的能让人感到幸福吗？这无异于是在对未来的不确定性进行一场豪赌——赌上三十年的职业生涯稳定，三十年的身体健康，三十年的居所不变，以及三十年无须更迭的工作环境。这显然是一种过于理想化的设想。

实际上，对于创业者而言，并不需要如此庞大的资金，便足以将事业经营得有声有色。但若将毕生的积蓄全部倾注于房产之上，则无疑会将自己牢牢绑定在上班族的角色之中，难以摆脱这一循环的桎梏。

社会上流传着诸多荒诞不经的谣言，诸如，“创业成功率低至1%”，或“钱存银行必然贬值，难以抵御通货膨胀”。这些言论何以频繁出现在公众视野？反观金融市场，真正稳健的投资产品往往并非普通保险银行销售人员所能轻易推销的。优质投资机遇通常局限于特定圈层内部流通，鲜少向大众敞开大门。

我屡闻周遭长辈提及“创业失败率高达九成九，以及资金难以跑赢通货膨胀”的论点。实则，这些言论多为金融从业者推销其基金、保险、理财产品的幌子，如果后期投资失败，他们再借由“投资有风险，入市需谨慎”的说辞推卸责任。他们试图灌输的观念是：如果命中注定无法大富大贵，创业之路也行不通，因为失败的概率极高。于是，我们得到的唯一“忠告”便是安心上班，最好是选择一份收入虽不高但稳定的职业。在金融市场的版图中，我们微不足道，不过是打工族的一员。此言虽刺耳，却是现实的写照。

阅读罗伯特·清崎的《富爸爸穷爸爸》系列书籍后，我深刻领悟到，对于打工者而言，实现翻身的关键在于经营企业。这是唯一的出路，而企业的规模可大可小，不必幻想少数幸运儿能在股市中轻松赚取巨额利润，这种奇迹几乎不可能发生。同样，也并非人人都能拥有在期货市场游刃有余的天赋。对于普通人而言，更实际的选择是经营小型资产，比如开设小企业或成为个体经营者。

我们或许不具备将公司推上市的能力，也无法涉足互联网金融的领域，更不可能在国家重点高校学习人工智能后，凭借所学知识创业。然而，在这个世界上，无论是街边的五金店，还是大型连锁超市，各行各业的商业机构都离不开经营者的身影。无论城市大小，企业家都无处不在，只是他们所在的圈层往往不易被外人察觉。他们保持低调，不让外界的人轻易进入。

工人群体数量庞大，而企业家则相对较少。然而，从经济规模的角度审视，若社会中大多数人只追求稳定的“铁饭碗”，热衷于求职而非创业，国家的外贸税收又将从何而来？

毕竟，我们已告别计划经济，步入市场经济时代。此时，我们应充分利用周边资源，在行业中崭露头角，找到自己的社会定位，迈向更加稳健的个人发展道路。

除了认知平等，财富均等也是衡量人与人之间平等的重要维度。拥有财富与资本，便拥有了创办企业的基础。在财富、权力、声望这三者中，财富通常对普通劳动者最为开放，而权力与声望则不然。

财富之所以重要，是因为它能赋予人选择的权利，带来安全感，实现时间上的自由，让人得以思考人生的终极意义；同时，它也能赋予人健康上的自由，延长寿命。试想，许多人每日奔波于工作与加班之间，生命已然被严重透支，他们又有多少时间去享受自己创造的财富呢？所谓“不知辛苦为谁甜”，大抵便是如此。

大众凭借庞大的劳动力供给，构筑起消费市场的坚固基石，并以自身的坚韧不拔维系着社会的和谐与稳定。这一观点在全球范围内均具备广泛的适用性。然而，遗憾的是，能深刻洞察经济社会中存在的种种不公与失衡现象的群体占少数。为何有人生来便能坐享其成，无须经历辛勤的劳作与付出？这背后的逻辑其实并不复杂：普通劳动者需以劳动换取薪酬维持生计，甚至通过借贷创造出大量剩余价值。这些价值，既是企业的利润源泉，也包含互联网金融产业中形形色色的利息，它们共同构成了剩余价值。

很多人的生活由过度消费、借贷生存、有限的薪资以及漫长的劳动时间四大元素交织而成，形成了现代人痛苦的生活图景。你或许在清空购物车、规划出国旅行的瞬间感到满足与喜悦，面对房产、车辆等大宗消费品，或是衣物、鞋履、最新款的苹果电脑与手机等日常消费品，人们在消费时兴奋不已。然而，这些快乐的背后，可能隐藏着分期还款的沉重压力。最终，这些消费品将成为我们的负担。我们的工作之所以无法停歇，或许皆因物质欲望过于庞大。

因此，身为职场人士，我们必须学会克制过度消费的冲动。诸如出国旅游、购置豪车等奢侈享受，以及透支消费购房置业，都应暂时搁置一旁。若父母已为你备好房产，你可安心步入婚姻，迎接新生命的到来；若父母未能为你留下房产，你的首要任务应是努力积累财富，而非高负债透支消费购房。

在这个经济社会中，释放产能、激发创造力，不仅能为国家赚取外汇、缴纳税金，更能促进民众富裕、增加就业机会。这一切的实现，不能单纯依赖国家的优惠政策，更需要我们主动出击。

一个人一生的财富积累往往有其上限，所能赚取的钱财大抵如此。因此，在规划人生时，需深思熟虑：计划更换几次汽车？购置几处房产？投资几次股市？开展多少次商业冒险？这些最好都能提前谋定而后动，因为若缺乏前瞻性规划，便容易陷入过度消费的泥潭，被周遭人的观念所左右。或者你的伴侣热衷于消费，享受花钱的快感，但一旦开销失控，便难以回头，更难以实现阶层的跃升。对此，我们必须有所准备，勇于做出必要的牺牲。

从普通人到企业家的蜕变，我们需要跨越认知的鸿沟，掌握诸多管理才能，包括财务管理、税务知识、心理学原理及公司法规等。对于多数人而言，大家普遍缺乏长辈的言传身教，都需自行摸索学习，往往等到补齐这些短板时，已年逾三十。然而，学习之路永无止境，无论何时启程都不算晚。国家提供了众多开放大学的政策，以及各类助力继续教育的网络平台。此时，不必盲目追求海外的MBA硕士学位，因为这类课程往往侧重于如何在跨国企业中立足，成为中层管理者，却难以传授如何在初创企业中从零开始，直至赚取第一个百万乃至千万的实战经验。毕竟，这些导师自己也可能未曾经历过这样的过程。

与其盲目追求不切实际的目标，为何不脚踏实地，着手经营一家小型企业？如修车铺、美容院或按摩店等。这些常被低估的企业，虽看似微不足道，但实际上，它们的创立无须大额资本，却能在时间的积累下，为创业者带来持续稳定的现金流。而那些低调的小型连锁酒店等，正是千千万万小型企业和资产的缩影，它们构成了我们社会主义市场经济的坚固基石，不仅为社会创造了大量的就业机会，还贡献了可观的税收，有力地维护了社会的和谐稳定，让更多人得以在金融市场中分享到发展的果实。

深入洞悉行业的运作机理，才能真切体会其中的诸多不易，这些艰辛远远超出了常人的想象范畴。以创业为例，尽管社会上流传着创业失败率高达 99% 的言论，但这并非空穴来风，而是众多创业者亲身实践后的集体感受。近年来，创业热潮席卷了全国各地，在各类宣传的激励下，众多人士纷纷投身于咖啡店创业的大潮之中。在上海这样的国际大都市，开咖啡店或许存在一定的成功概率，但更多文艺青年之所以对其趋之若鹜，实则源于他们对“诗与远方”般理想生活的无限向往。这些文艺青年往往经济条件颇为优越，无须为生计奔波劳累，拥有足够的资本与勇气去追寻心中的梦想。如果缺乏咖啡行业的实战经验，也不懂门店精细化运营，咖啡店的存活率便可想而知。

我们倡导积极健康、符合法律和道德规范的价值创造理念，通过诚实劳动、合法经营以及为社会做出贡献来获得收益，才是长久之计。同时，我们也应关注企业的社会责任和可持续发展，确保在商业活动中不仅要追求经济效益，还要对社会和环境负责。这样的商业环境才能更加和谐稳定，才有利于促进经济的持续健康发展。

在当今社会，考研考公的热潮席卷全国，众人争相涌向这条狭窄的道路。然而，另一条盈利途径同样广阔：开设考研考公辅导班与销售教辅材料，打造明星教师，进行包装。这些路径，均已被众多人士验证为可行之道。对于缺乏资金、实力与冒险精神的创业者而言，为这些勇敢者提供基础服务，不失为一种明智的选择。在商业领域，无论城市大小、行业差异或环节差异，均存在盈利机会。关键在于你需要建立一个庞大的信息收集系统，每日关注全球大事，并不断丰富自身知识，以便做出精准判断。以显卡代理商为例，若对显卡、比特币一无所知，我们又怎能涉足此领域？同样，股市中软件行业虽被看好，但量化交易对许多人而言仍是个谜，这便是认知门槛的体现。唯有掌握一定知识，更多机遇才会向你敞开。

未掌家不知生活艰辛，不当老板难明白经营之道。白手起家，其精髓并不在于今日财富的多寡，而在于创业者如何捕捉机遇、运用策略，以及他们通过何种途径实现财富的原始积累，这些宝贵的经验，对我们现代人而言，具有深远的借鉴意义。市面上不乏教导赚钱之道的书籍，但很多内容陷入模式化的窠臼，忽略了个性化与差异性。他人能够获取的财富，未必适合自己，因为某些行业即便我们有所了解，也可能因资本或门槛的限制而无法涉足。

因此，我们倡导的是一种全新的赚钱理念：学会理财，合理规划债务，明确消费方向，并将资金投入自己熟知的行业中。如此，方能实现财富的飞跃式增长。

在人生的征途中，我们或许能邂逅三次改写财富命运的良机。这些机会的把握，将直接决定你财富积累的轮廓。若能三次都精准捕捉，我们或许能跻身亿万富翁之列；哪怕仅成功把握一次，百万富翁的桂冠亦非你莫属；若两次得手，千万富翁的宝座也将向你敞开怀抱。然而，当这些良机翩然而至时，许多人却因房贷的重负而难以调整工作或迁居，或因婚姻家庭的牵绊而无法远行追梦。更为致命的是，许多人往往缺乏启动梦想的资本，即便有心借贷，也常因无门可入而徒增无奈。这便是许多人即便手握致富秘籍，在机遇垂青之时仍难以积累可观财富的原因。

追求自给自足的生活，致力于财富的创造，积极履行对国家的纳税义务，为广大学子提供宝贵的就业机会，活跃并促进地方经济的繁荣，坚守作为守法公民的底线，这些，正是我们赚取财富所应秉持的宗旨与原则。

3. 想致富不能只靠勤劳刻苦努力

多数人自幼被灌输的观念是，勤劳刻苦终将引领我们走向财富之路。在学术领域，这一逻辑同样适用：勤奋读书，考入名校，无疑是一种正向的激励与回馈，但这建立在个人具备学习潜力的基础上。在中国传统社会结构中，辛勤耕耘往往能换来丰收的喜悦，但这前提是处于一个和平稳定的时代背景下。由此可见，任何目标的实现都伴随着一定的前提条件。

诚然，刻苦努力是一种难能可贵的品质，然而，它的价值还需依托于一个光明的前景。若盲目地坚守这一信念，而忽视了外界环境的变迁与自身条件的局限，便可能陷入思维僵化与偏执的误区之中。

无论何时，你的努力都能带来益处，但在逆境中，改变或寻找新环境成为首要之选。因此，致富之路不仅依赖于勤劳与努力，更需智慧的加持。同时，知识的积累也至关重要。在留学期间，我曾在关键时刻做出了一系列决定，这些决定成了我日后财富积累的基石。这些决定，实质上是对供需关系的精妙调整——我洞察到了平时难以察觉的需求缺口，并意识到只有我能够满足这一独特需求，从而创造了供需不平衡的状态，即我的供给远低于实际需求。

面对这样的机遇，我选择扩大招聘范围，同时积极拓展客户群，挖掘更多潜在需求。若缺乏足够的资金支持，我绝不会盲目扩张团队，因为无人会为一个缺乏实力后盾的领导者工作。同样，若故步自封，我只能服务于有限的客户，而新的竞争者随时可能涌现。因此，创业并非仅凭一句“我要创业，我要发财”的口号那么简单。它始于对需求的敏锐洞察，当个体生产者发现自身无法再提供有效供给，需要扩大生产规模时，便是建立企业的最佳时机。

赚钱速度与劳动模式息息相关。无论是白领、蓝领，还是农民，每个人的生产能力均受限于特定的条件，每天所能完成的工作量有其上限。然而，当个体能够巧妙地利用周遭环境与适宜工具时，其工作效率便能显著提升。但个人能力终究有限，无法超越自身的劳动极限。因此，在面临复杂劳动任务时，组建一个高效的劳动团队或优化生产流程变得至关重要。此时，领导者——通常扮演着老板的角色，便显得尤为重要。

作为老板，首要考虑的是工程量，其次则是工期。基于这两大要素，合理规划所需人力与设备，进而精确计算出成本。而报价的制定，则需涵盖成本并附加合理利润，这便是最为基础的包工头经营模式。实际上，所有劳动形式均未脱离这一范畴。

基于个人体验，我认为网络时代为我带来的最大便利首先在于劳动资源的易获取性。招聘不再局限于地域，网络平台汇聚了来自五湖四海的临时工资源。若需制作一个视频，我不仅能亲自操刀所有环节，还能通过专业软件轻松聘请到动画师、特效师、配音演员、剧本分镜师、后期摄像师、导演及文案撰写人员，且价格公道，这无疑是网络时代赋予我们的宝贵礼物。同时，随着AI工具的进步，以往需耗费大量人力完成的工作，如今仅凭几款软件便能轻松搞定。

其次就是获取客户的难度要低得多。二十世纪八九十年代的商人动辄需要在报纸和电话黄页上刊登广告，电视广告也曾经是一个非常花钱的项目，所以在那个时候，做生意的成本要比现在高。我们生活在现在这个时代，其实更适合创业，因为最难的恐怕是找到各行各业的专家，让人为你工作，而互联网时代，又给予了我们这样的便利条件。

作为老板，核心职责在于理解人性，洞悉人心，挖掘潜在需求，促成合作签约，并招募合适人才推动项目落地。专业细节则由专业人士负责，毕竟术业有专攻，老板不必强求自己成为每个领域的专家。因为，老板的直接介入往往让员工噤若寒蝉，过度干预更会降低工作效率，微型管理因而成为一大隐患。

明智的老板应懂得抓大放小，识人善用。老板的角色定位应是决策者，把握大局，制定战略，而将具体执行细节交由下属处理。当然，初创企业中，老板可能需身兼数职，但企业若要持续发展壮大，老板终将转型为幕后掌舵人，让企业即便在缺少老板直接干预的情况下，也能稳健运行，这才是商业社会的正常生态循环。

众多企业主并未真正掌握领导的艺术，他们对“彼得原理”[①]知之甚少。倘若你也对这一概念陌生，不妨通过搜索引擎深入了解。“彼得原理”揭示了一个现象：许多人终其一生难以晋升至极高的职位，原因在于他们过分专注于当前岗位的重要性。例如，将一位技艺精湛的修车师傅提拔为门店经理，往往并不适宜。门店经理的核心职责在于统筹协调各个工作小组，而修车师傅若转型为门店经理，可能会过度关注每一辆进店车辆的细节，忽视了管理的全局性。这正是许多技术人才虽才华横溢，却难以被公司管理层委以重任的原因。

因此，从职业生涯的起点就应明确，管理与技术工作是两条截然不同的路径。相对而言，管理工作或许看似简单，但成为某一领域的技术专家，则是一条竞争异常激烈的道路。作为技术专家，谁能保证自己能一直在激烈的竞争中脱颖而出？又

---

① 彼得原理：英文是Peter Principle，由管理学家劳伦斯·彼得（Laurence J. Peter）于1969年提出，核心观点是在层级组织中，员工倾向于因“胜任当前职位”而被不断提拔，直到晋升到一个他们无法胜任的岗位，此时他们将停留在这一无法有效工作的岗位上，导致组织效率低下。这个原理揭示了层级制度中“晋升可能反成瓶颈”的现象，提醒职场中人的能力与岗位匹配度的重要性。

能否超越年轻一代？过度投入是否会让自己身心俱疲？既然预见到了可能的结局，为何不从一开始就踏上更为明智的道路？

尽管付出了诸多心血，但结果往往不尽如人意。在许多地区的企业里,勤勉尽责的技术人员常常最先成为裁员的牺牲品。在我看来，技术人员才是企业真正的瑰宝。一旦企业草率地认为技术人员能力欠缺并将其解雇,可能出现“裁员裁到大动脉”的情况，会使企业陷入停滞不前的境地。至于管理人才，老板本身更应承担起首要责任。许多人在向管理岗位转型时遭遇挫折，原因在于他们对人文、历史、政治、社会、经济、心理等领域的知识涉猎甚少。

作为老板，在学习相关技术时，首要之务是避免成为单纯的技术创业者，尤其是产品经理出身的技术创业者。创业不应局限于产品思维或技术思维，而应以实际需求和销售为导向，否则，你的创业只会是一场儿戏，最终沦为笑柄。

勤劳勇敢无疑是值得颂扬的美德,然而,唯有兼具智慧、洞察力与对人性深刻的理解，方能在激烈的竞争中屹立不倒，走向成功的人生巅峰。纵观人类社会的发展历程，这一法则始终贯穿其中。

对于企业家而言，若能对社会学有所涉猎，洞悉历史的脉络，精通政治的微妙之处，那么创业之路自会水到渠成、游刃有余。反之，倘若缺乏对于“帝王之术”的领悟，对诸如马克思·韦伯这样的思想家一无所知，那么你的成就便可能仅仅局限于对技术的盲目崇拜，而忽视了管理学、人心洞察、销售策略以及市场知识的重要性。

如此一来，创业之路将布满荆棘，失败的概率或将高达99%。因为真正的成功，不仅在于技术的先进，更在于对人的深刻理解与驾驭。

4. 你的职业与你的事业通常没有直接关联

从事教学工作，需先考取相应院校教师资格证书，方能顺利开展教学活动。许多人选择的专业，如市场营销，其培养的技能往往与社会实际需求脱节。在职业规划上，应首要考虑未来的行业定位及岗位适应性，以期迅速完成职业初期的资本积累。以我个人经历为例，我通过撰写英文论文迅速实现了这一目标，这得益于我优异的英文水平，尽管它并非我的大学专业。我选择了其他领域深造，未从事该专业对口的职业，可谓舍本逐末。

若当初我选择了英语专业，或许会担忧如他人般难以觅得相关岗位，但这实则是一种误解。英语专业或可成为我踏入教育培训行业的敲门砖，彼时，英语教师岗位在我毕业后数年间备受欢迎。而我原本的第一专业——计算机科学与技术，并非我所长。尽管我热爱电脑，早早接触互联网，但编程于我而言却显得枯燥乏味。

然而，学习计算机科学与技术并不意味着擅长编程，二者有时并无直接关联，反倒是软件工程与编程更为紧密。这种因信息不对称而导致的专业选择误区，值得我们深思。

若时光能倒流，我会毅然选择文科作为主攻方向，并立足于语言学习，或深耕艺术领域。我们常常陷入一种无奈：历经多年苦读的专业，最终却与从事的职业毫无瓜葛。同样，你当下所从事的工作，或许也与未来创业的领域毫不相干。因为创业的首要考量是市场需求，而非个人兴趣。而专业的选择，往往基于我们的兴趣与专长。若将创业、专业与兴趣三者综合考量，选择的空间无疑会大大缩小。

大学教育的精髓在于全方位地锤炼个体的多元能力：口头表述、文字驾驭、逻辑思维与推理判断等，均不可或缺。在实际职场中，往往某一单项能力的卓越，便能成为个人脱颖而出的关键。无论职位高低，对人文科学与人性的深邃洞察，都是职业生涯中不可或缺的底蕴。正因如此，我诚挚地建议即将踏入社会的学子，在人生的某个十字路口，都应深思熟虑，清晰勾勒自己未来的蓝图，而非仅仅满足于眼前的就业机会。毕竟，人生的职业道路并非一成不变，单一职业贯穿一生的时代早已远去。在这个日新月异的时代，个人兴趣、社会需求与热门行业皆在不断演变。倘若故步自封，执著于某一职业而不思变通，那么致富的契机或许将一直与我们擦肩而过。

很多时候，我们盲目地投身于激烈的竞争与内卷之中，试图在某个特定时段、特定环境下，争做行业第一。真正决定我们盈利的关键，在于我们能否在需求涌现的那一刻，恰好身处其地。

我在加拿大温哥华留学期间，深刻体会到了这一点。这个城市中有许多来自中国的学生，他们对论文有着强烈的需求。作为创业者，我并不需要英文水平全国顶尖，才能开展这项业务；相反，我只需成为需求的满足者，即便我自己不具备相关的才能，但只要我能找到拥有这些才能的人，并作为劳动的协调者，我仍然能够赚取这部分利润。

从这个角度看，那些在某个行业中赚得盆满钵满的人，并不一定是该行业的佼佼者。而真正的技术专家、行业巨擘，最终也需通过企业的雇佣来获取报酬。因此，我们离客户越近，离需求越近，就越容易抓住商机。

因此，最优方案在于主动出击，积极寻觅客户并深挖其需求，而非将精力长年累月地倾注于单一技术的攻克之上。

中国作为制造业的巨头，其背后必然蕴藏着庞大的专业技术人才。显然，我国的科技领域对理工科人才有着极高的需求与依赖。因此，我们应充分利用这一优势资源，推动工业产品的多元化与创新性发展。然而，商业领域则更多地倾向于拥有文科背景的企业家，这意味着，要成功将科技转化为产品，就需要那些能够融合科技与商业思维的企业家。他们不仅需要具备理工科背景的人才与资源,还需拥有文科的商业策略与眼光。

但值得注意的是，杰出人物仅是凤毛麟角，难以作为普遍规律来学习。高科技创业与资本市场融资，与大众所理解的创业有着本质的区别。小米与字节跳动这样的成功案例在市场中实属罕见，其成功经验难以被完全复制。

实际上，中小企业的拥有者才是经济主体的中坚力量，正是这些企业，构成了经济发展的基石，推动着社会经济的稳步增长。

判断情境、共情以及演讲等能力，均是成就一位成功企业家的关键要素。然而，在现代社会教育体系中很难找到提升这些能力的培训课程，因为教育系统的核心目标是培育国家所需的专业技术人才，如科学家、工程师、律师、医生及教师等，以及大量的白领从业者。

但值得注意的是，这样的教育路径并非培养企业领袖的捷径，也并不意味着只有出身于大企业高管家庭的人才能成为出色的创业者。实际上，成功的道路多种多样。只要深入某个行业，精耕细作，最终能打通所有环节，任何人都有可能成为该行业的领军人物。

以建筑行业为例，不论是初中生、大学生、研究生，都需要在工地上历练。然而，包工头却往往能够凭借卓越的组织管理、沟通与谈判技巧，以及精准捕捉需求并创造供给的能力，赚取丰厚的利润，而无须经历漫长的学习过程。这不禁让人思考：为何他们能成为老板，而我们却不能？

我们所涉足的专业领域，往往受限于学习成绩及兴趣所向的学科，却经常与社会现实脱节。在职业选择上，若能跳脱专业框架，紧密贴合社会的实际需求，那么工作便如同箭矢中的靶心，精准高效。也有许多人将所学专业作为创业的基石，但试问，难道只因自己是计算机专业出身，就必须要去创立软件或游戏公司吗？难道身为导演系本科毕业生，就只能投身电影产业吗？我曾这般尝试，却最终铩羽而归，损失惨重。唯有亲身经历挫折，方能领悟深刻的道理。那些表面上一带而过的言辞，实则是过往岁月中以血泪为代价换来的经验。

5. 选城市比选专业更符合个人实际情况

在事业尚未稳固之际，急于贷款购房并非明智之举。这不仅关乎资金占用的问题，更深层次地涉及个人事业与职业规划的考量。中国幅员辽阔，拥有众多的城市供我们选择，每个城市背后都承载着不同行业的兴衰与产业布局的差异。某些行业为何特别集中于某些城市？这背后有其深刻的逻辑与原因。

一旦草率地在县城购房，或许就意味着与北上广深等一线城市的发展机遇擦肩而过。特别是对于那些怀揣创业梦想的人来说，行业特性往往决定了其地理位置的选择。例如，若从事中俄边境贸易，可能需将目光投向内蒙古或黑龙江的特定城市；而某些生意则更适合在江浙沪地区开展，另一些则非四川或广东、福建莫属。

若因种种原因，如伴侣在家乡、父母不愿子女远行等，导致个人无法自由迁徙，那么或许应调整心态，安于家乡，考虑公务员等稳定职业亦不失为一种明智选择。

选择城市的智慧根植于对祖国大好河山的深刻理解。在做出决定前，需全面考量当地的产业布局、人口流动趋势以及交通便捷性。亲身体验，无疑是最佳途径——不妨花上 1 至 3 个月的时间，以旅游或旅居的方式深入探索。在此之前，掌握机动车驾驶技能无疑是个明智之举。若预算有限，学习摩托车驾驶亦是不错的选择，它能让我们在城市的每个角落自由穿梭，避开拥堵，享受畅通无阻的便捷。

穿梭于城市的街巷之间，观察上下班高峰的拥堵路段，留意学生放学后的聚集地以及居民日常采购的场所，这些都能让我们深刻感受到城市的烟火气息。同时，了解市民的消费习惯和生活方式同样重要。

在规划未来时，至少应对自己即将投身的职业或事业有基本认知，明确哪些省市更适合该行业的发展，家乡是否具备相应的潜力，是否适合年轻人创业。此外，观察家乡成功人士的行业分布，也能为我们提供宝贵的参考。

当决定投身某个行业时，我们应深入思考该行业在何地更具发展潜力，并探究其背后的原因。对于心仪的城市，需深入了解其行业构成，寻找适合自己的发展方向。

我诚挚地建议各位学子，优先考虑选择远离家乡的城市上大学。若计划继续深造攻读研究生，不妨再转换城市甚至国家。尽管在过程中，或许难以直接获取某种确切的第一手经验，但那种在陌生城市与新兴领域里摸爬滚打的历练，却是未来难以复制的宝贵财富。

在条件允许的情况下，务必充分利用大学期间的寒暑假时间。我国年轻人有“间隔年”[①]这样的机会实属罕见。因此，要把握住寒暑假及实习的契机，深入社会，尤其是在当前所在的城市进行探索。如果对某个城市情有独钟，我们不妨在校期间就开始计划扎根于此。

要深入了解中国不同城市的特质，明晰各城市的发展核心。探究城市发达地区与欠发达地区的差异，了解劳动人口主要聚

① 间隔年：Gap Year，是西方的一种叫法，指青年在升学或者毕业之后、工作之前，并不急于盲目踏入社会，而是停顿下来，做一次长期的远距离旅行（通常是一年），用一段时间放慢脚步去做自己想做的事情。

居的社区，以及高端服务业的理想选址。洞察高收入群体的居住区域及其消费倾向，掌握各小区的房价动态。如果仅满足于打工生活，这些或许无须过多考虑。但若有朝一日我们怀揣创业梦想，渴望成为创业者，那么这些细节便是不得不深入思考的要素。

务必积极寻求机会，与来自不同行业、背景及家庭环境的人广泛交流。许多宝贵的知识，并非单纯依赖书本或互联网就能轻易获取。公开信息中往往隐藏着无法传播的深层内容，至于那些关键的行业内部资讯，则需通过面对面的真诚沟通才能触及。这再次凸显了沟通技巧、表达能力以及对人性深刻理解的重要性，这些正是当代大学生应当具备的核心素养，却往往不是学校课程所能涵盖的。

我国在实现知识获取平等方面做得尤为出色。在图书馆里，我们可以自由阅读马克思·韦伯、卡耐基、马基雅维利等大师的经典著作。我们拥有在知识探索上的全面自由，即便某些观点可能与主流价值观存在差异，作为学术探讨和知识积累的一部分，并不会对思想的多样性设限。反观某些西方发达国家，书籍价格高昂，且出版内容常受主流价值观和政治正确性的束缚。他们或许难以理解，为何中国能在知识领域保持开放与多元，从而推动国家迅速发展。正是因为我们在知识上从不实行垄断，我们的学子才得以享受世界上最公正、最丰富的图书资源。

在这片充满生机的土地上，孕育着无数未来可能蓬勃发展的商机。假若你未曾目睹黑龙江广袤无垠的农田、海南洁白无瑕的沙滩、福建深厚的宗族文化、广东琳琅满目的美食、四川韵味十足的川剧、重庆拔地而起的高楼大厦，也未曾在湖北、湖南目睹长江上繁忙的轮渡，未曾领略新疆丰富的旅游资源，以及内蒙古自治区的辽阔大地，那么，我们便无法用简短的话语概括我国丰富多彩的美景与人文文化，也很难以一个更广的视角发现商机。

我们常说“取之于民，用之于民”，人才的成长需要回报社会。那么，如何引领广大人民群众走向共同富裕？答案便是成为国家的大推销员，成为优秀的金牌销售，成为能够创造行业产业链的企业家,成为拥有战略眼光和雄才伟略的成功商人。

我们应当全心全意地为大多数社会成员谋求福祉。很多时候，关键不在于结果，而在于我们的初心与愿望。若深爱着这片土地上的人民，我们便会想为他们做些实事。致富不仅光荣，而且能切实解决大家的实际问题。国家的发展需要资金支持，积极纳税便是我们为国家尽的最大义务。

6. 父母传承，当地特色，个人擅长，市场实际，四大指标如何影响我们选择创业首选行业？

探讨创业首选行业，需从四个维度综合考量。首要维度是父母所从事的行业，这往往能提供宝贵的经验和资源；其次，当地特色行业也不容忽视，它们往往蕴含着丰富的市场机遇和文化底蕴；再次是聚焦于个人兴趣与专长，选择与之匹配的行业，能激发内在动力，提升竞争力；最后，市场实际需求是决定行业前景的关键因素，必须紧跟时代潮流，把握市场脉搏。

以我个人经历为例，初涉影视业时，虽知其为北京重点发展领域，却未意识到首都并非经济中心，且影视业发展重心实则位于横店。我擅长制作而非推广发行，这一错位导致我在市场转型至短视频时代时陷入困境。若当初追随父母的脚步进入古玩行业，虽可能获得家族支持，但据父亲预测，随着老一辈收藏家的退场，古玩市场将大幅萎缩，且该领域学习成本高昂，非我所长。

因此，在不考虑迁居的前提下，创业者应首先关注地方特色及市场容量，再考量个人专长与家族传承。当然，若个人兴趣与家族行业高度契合，且能找到该行业最具发展潜力的城市，深入调研市场，则成功概率将大幅提升。

任何事物都伴随着试错成本。在我看来，若一个人在45岁前，未沾染严重不良习性，未遭遇重大健康危机，也未陷入法律困境，那么他完全有能力承受数次挫折。如今，众多二十出头的年轻人或许正面临情感困扰；而三十刚过的青年，也可能在事业上栽了大跟头。如果因此丧失了生活的勇气与对事业的热情，实属过早地放弃自己。试想，刘备48岁时仍在何处漂泊？刘邦从揭竿而起到一统天下，又历经几载春秋？彼时，他又年岁几何？或许，从工人视角来看，年过四十已算大龄；但若以企业家身份审视，四十出头正值青春年华。现今社会，似乎过度推崇少年英雄，认为30岁前未能创立世界500强企业即为失败。然而，这不过是幸存者偏差的体现。我们不能因天才与少年英雄的存在,就否定在常态环境下成长之人的努力。我认为,二十几岁的光阴未曾虚度,三十多岁亦是积累经验的重要时期,真正大放异彩的时刻,尚未到来。这,绝非我人生的顶峰。

本书中提及的所有人物和事例,无一不是基于大众的平均水平进行阐述的。我们不能将极少数天才的经历套用在普通人身上,毕竟我们没有无限的资金支持,也无法承受持续的亏损。因此,每一步都需谨慎行事,左思右想,这实属无奈之举。即便我向你保证百次,你在真正上场时仍会心生恐惧。那么,如何克服这种恐惧呢?答案就是多经历几次,习惯成自然,恐惧便会逐渐消失。

尽管我们做了详尽的准备,但失败仍可能不期而至。然而,避免失败与追求成功,本就是两种截然不同的思维方式。当我们致力于完成一件事时,首要之务便是摒弃完美主义。创业初期,我鼓励大家勇于尝试,不妨先模仿、借鉴,甚至照搬他人的成功经验,不必急于成为第一个吃螃蟹的人。若他人开设了按摩店或美容院,我们亦可模仿。当然,这并不意味着要盲目跟风,例如看到米哈游、游戏科学等游戏公司的成功,就误认为自己同样具备创办游戏公司的能力。

做生意需谨慎行事，时刻保持警醒，不断更新自己的认知，紧跟社会的实际需求，方能立于不败之地。同时，我们也要充分利用网络时代的便捷工具，虚心向年轻人学习，多出去走走看看，了解各地的风土人情。不容忽视的是，运气始终如影随形，难以彻底摆脱。有时即便我们满怀壮志，仍需静待时机的降临；有时万事皆备，只待那阵东风的吹拂。面对失败，切勿一味自责，应客观审视周遭环境。为了避免一蹶不振，在生活中节俭消费显得尤为重要。在创业之初，更应谨慎投入，量力而行。

对涉足的行业，需有精准的洞察与把握，方能提升每次尝试的成功率。成功之路并非一蹴而就，除了每一步都勤勤恳恳、兢兢业业外，很多时候，也需在关键时刻做出正确的抉择，并持之以恒，才能迈向成功。然而，这些关键步伐，只能由自己亲自迈出。

即便列举再多赚钱的项目，我们也未必能精准把握，因为每个项目都有其独特性，适合与否，还需根据自身需求去判断。他人不会轻易透露项目的真实门槛，因为他们深知其中的艰辛与挑战。所以，寻找项目的重任，只能由自己承担。

请记住，失败乃成功之母。无须畏惧失败，而应勇敢追求卓越。无论结果如何，都应明白，实现人生层次的突破与跃升绝非易事。即便最终未能如愿，那份勇于尝试的精神，也足以让我们熠熠生辉，有朝一日成为真正的英雄。

总之，万丈高楼平地起，愿各位在未来的道路上大展宏图，一帆风顺。出身寒微，不是耻辱。能屈能伸，方为丈夫。

后记

写作的过程，不禁勾起了我留学时期撰写论文的回忆。那段日子，巨大的精神压力与紧迫的时间限制并存，却意外地促使我的英文能力实现了质的飞跃。原本，读写能力在我雅思考试中表现最为薄弱，但进入文科大学后，频繁参与的辩论、演讲以及论文撰写活动，如同催化剂一般，让我的英文水平突飞猛进。人生中的诸多抉择，往往蕴含着转祸为福的契机，并无绝对的标准答案可循。

某些情境在我们命运中反复出现，实则是天欲传授深刻教训。本书旨在传达：无论我们如何选择，都将直面人生挑战。初次选择未必正确，关键在于后续能否及时调整，踏上更为顺畅的道路。无论何时何地，请铭记，你是自己永不沉没的岛屿。真正能拯救你的，是认知的蜕变。当你犹豫不前时，不妨翻开书页，汲取他人的智慧之光。

在人生的漫长旅途中，我们难免会遭遇不如意之事，而我们的记忆却时常偏爱停留在这些阴霾之中，容易忽略了那些璀璨美好的瞬间。事实上，人生本就交织着喜悦与忧伤，遗憾与完美并存。面对自身的过失，我们无须苛责，因为遗憾是人生常态，无人能完全避免。

然而，更需珍视的是我们存在的独特价值，这份价值无可替代，独一无二。犯错并非人类的耻辱，而是成长的必经之路。因此，我们不应一味逃避错误，而应学会从失败中汲取教训，亡羊补牢，将错误转化为成长的阶梯。这不仅是个人成长的法则，也是人类文明进步的基石。无论是个体还是整体，这一道理皆适用。

成功并非天生注定，而是事在人为的结果。很多时候，仅需一念之转，未来的道路便悄然铺就。这份注定，源自我们内心深处那份不懈的勤奋与不屈的精神。中华民族素来不畏艰难险阻，总是在挑战中寻觅解决之道，通过学习积累知识，从而克服重重困难。在这个漫长的成长历程中，我们如同小草般渺小，却终能茁壮成长为参天大树，为他人提供庇护，这便是成长的喜悦所在。

尽管我或许比读者年长十岁、二十岁，但在历史的长河中，这不过是弹指一挥间。写书的目的，并非让读者避免一切挫折，而是通过文字的力量，启发每个人在经历中成长，学会坦然接受人生中的成功与失败所带来的种种冲击。人生本就如此，生命亦是在这样的历程中度过的。当我们满怀希望地迎接新的一天时，请铭记，每个人一生中都有数次改变命运的机会。

那些曾让你跌倒的

终会成为脚下的路